수학 좀 한다면

디딤돌 연산은 수학이다 4A

펴낸날 [초판 1쇄] 2024년 1월 26일 [초판 2쇄] 2024년 5월 16일
펴낸이 이기열
펴낸곳 (주)디딤돌 교육
주소 (03972) 서울특별시 마포구 월드컵북로 122 청원선와이즈타워
대표전화 02-3142-9000
구입문의 02-322-8451
내용문의 02-323-9166
팩시밀리 02-338-3231
홈페이지 www.didimdol.co.kr
등록번호 제10-718호
구입한 후에는 철회되지 않으며 잘못 인쇄된 책은 바꾸어 드립니다.
이 책에 실린 모든 삽화 및 편집 형태에 대한 저작권은
(주)디딤돌 교육에 있으므로 무단으로 복사 복제할 수 없습니다.

1 손으로 푸는 100문제보다 머리로 푸는 10문제가 수학 실력이 된다.

계산 방법만 익히는 연산은 '계산력'은 기를 수 있어도 '수학 실력'으로 이어지지 못합니다.
계산에 원리와 방법이 있는 것처럼 계산에는 저마다의 성질이 있고 계산과 계산 사이의 관계가 있습니다.
또한 아이들은 계산을 활용해 볼 수 있어야 하고 계산을 통해 수 감각을 기를 수 있어야 합니다.
이렇듯 계산의 단면이 아닌 입체적인 계산 훈련이 가능하도록 하나의 연산을 다양한 각도에서
생각해 볼 수 있는 문제들을 수학적 설계 근거를 바탕으로 구성하였습니다.

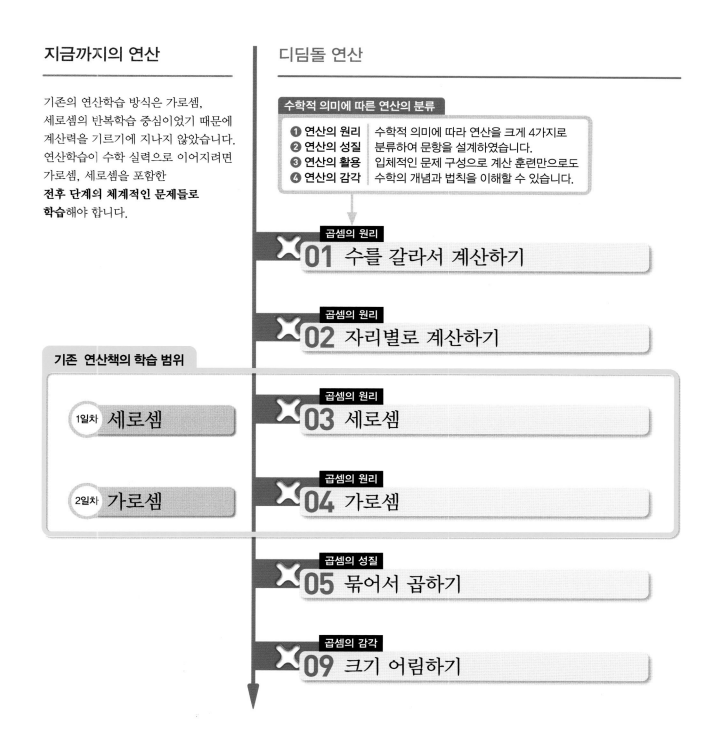

지금까지의 연산

기존의 연산학습 방식은 가로셈,
세로셈의 반복학습 중심이었기 때문에
계산력을 기르기에 지나지 않았습니다.
연산학습이 수학 실력으로 이어지려면
가로셈, 세로셈을 포함한
**전후 단계의 체계적인 문제들로
학습**해야 합니다.

기존 연산책의 학습 범위

1일차 세로셈

2일차 가로셈

디딤돌 연산

수학적 의미에 따른 연산의 분류

1 **연산의 원리**
2 **연산의 성질**
3 **연산의 활용**
4 **연산의 감각**

수학적 의미에 따라 연산을 크게 4가지로
분류하여 문항을 설계하였습니다.
입체적인 문제 구성으로 계산 훈련만으로도
수학의 개념과 법칙을 이해할 수 있습니다.

곱셈의 원리
01 수를 갈라서 계산하기

곱셈의 원리
02 자리별로 계산하기

곱셈의 원리
03 세로셈

곱셈의 원리
04 가로셈

곱셈의 성질
05 묶어서 곱하기

곱셈의 감각
09 크기 어림하기

5학년 A

혼합 계산의 원리	수의 원리	덧셈과 뺄셈의 원리
혼합 계산의 성질	수의 성질	덧셈과 뺄셈의 성질
혼합 계산의 활용	수의 활용	덧셈과 뺄셈의 감각
혼합 계산의 감각	수의 감각	

1 덧셈과 뺄셈의 혼합 계산
2 곱셈과 나눗셈의 혼합 계산
3 덧셈, 뺄셈, 곱셈(나눗셈)의 혼합 계산
4 덧셈, 뺄셈, 곱셈, 나눗셈의 혼합 계산
5 약수와 배수
6 공약수와 최대공약수
7 공배수와 최소공배수
8 약분
9 통분
10 분모가 다른 진분수의 덧셈
11 분모가 다른 진분수의 뺄셈
12 분모가 다른 대분수의 덧셈
13 분모가 다른 대분수의 뺄셈

5학년 B

곱셈의 원리
곱셈의 성질
곱셈의 활용
곱셈의 감각

1 분수와 자연수의 곱셈
2 단위분수의 곱셈
3 진분수, 가분수의 곱셈
4 대분수의 곱셈
5 분수와 소수
6 소수와 자연수의 곱셈
7 소수의 곱셈

6학년 A

나눗셈의 원리	비와 비율의 원리
나눗셈의 성질	
나눗셈의 활용	
나눗셈의 감각	

1 (자연수)÷(자연수)를 분수로 나타내기
2 (분수)÷(자연수)
3 (대분수)÷(자연수)
4 분수, 자연수의 곱셈과 나눗셈
5 (소수)÷(자연수)
6 (자연수)÷(자연수)를 소수로 나타내기
7 비와 비율

6학년 B

나눗셈의 원리	혼합 계산의 원리	비와 비율의 원리
나눗셈의 성질	혼합 계산의 성질	비와 비율의 성질
나눗셈의 활용	혼합 계산의 감각	비와 비율의 활용
나눗셈의 감각		

1 분모가 같은 진분수끼리의 나눗셈
2 분모가 다른 진분수끼리의 나눗셈
3 (자연수)÷(분수)
4 대분수의 나눗셈
5 분수의 혼합 계산
6 나누어떨어지는 소수의 나눗셈
7 나머지가 있는 소수의 나눗셈
8 소수의 혼합 계산
9 간단한 자연수의 비로 나타내기
10 비례식
11 비례배분

연산의 원리

계산 원리
계산 방법
자릿값
사칙연산의 의미
덧셈과 곱셈의 관계
뺄셈과 나눗셈의 관계

연산의 성질

계산 순서/교환법칙
결합법칙/분배법칙
덧셈과 뺄셈의 관계
곱셈과 나눗셈의 관계
0과 1의 계산
등식

연산의 활용

상황에 맞는 계산
규칙의 발견과 적용
추상화된 식의 계산

연산의 감각

어림하기
연산의 다양성
수의 조작

3학년 A

덧셈과 뺄셈의 원리	나눗셈의 원리	곱셈의 원리
덧셈과 뺄셈의 성질	나눗셈의 활용	곱셈의 성질
덧셈과 뺄셈의 활용	나눗셈의 감각	곱셈의 활용
덧셈과 뺄셈의 감각		곱셈의 감각

1 받아올림이 없는 (세 자리 수)+(세 자리 수)
2 받아올림이 한 번 있는 (세 자리 수)+(세 자리 수)
3 받아올림이 두 번 있는 (세 자리 수)+(세 자리 수)
4 받아올림이 세 번 있는 (세 자리 수)+(세 자리 수)
5 받아내림이 없는 (세 자리 수)−(세 자리 수)
6 받아내림이 한 번 있는 (세 자리 수)−(세 자리 수)
7 받아내림이 두 번 있는 (세 자리 수)−(세 자리 수)
8 나눗셈의 기초
9 나머지가 없는 곱셈구구 안에서의 나눗셈
10 올림이 없는 (두 자리 수)×(한 자리 수)
11 올림이 한 번 있는 (두 자리 수)×(한 자리 수)
12 올림이 두 번 있는 (두 자리 수)×(한 자리 수)

3학년 B

곱셈의 원리	나눗셈의 원리	분수의 원리
곱셈의 성질	나눗셈의 성질	
곱셈의 활용	나눗셈의 활용	
곱셈의 감각	나눗셈의 감각	

1 올림이 없는 (세 자리 수)×(한 자리 수)
2 올림이 한 번 있는 (세 자리 수)×(한 자리 수)
3 올림이 두 번 있는 (세 자리 수)×(한 자리 수)
4 (두 자리 수)×(두 자리 수)
5 나머지가 있는 나눗셈
6 (몇십)÷(몇), (몇백몇십)÷(몇)
7 내림이 없는 (두 자리 수)÷(한 자리 수)
8 내림이 있는 (두 자리 수)÷(한 자리 수)
9 나머지가 있는 (두 자리 수)÷(한 자리 수)
10 나머지가 없는 (세 자리 수)÷(한 자리 수)
11 나머지가 있는 (세 자리 수)÷(한 자리 수)
12 분수

4학년 A

곱셈의 원리	나눗셈의 원리
곱셈의 성질	나눗셈의 성질
곱셈의 활용	나눗셈의 활용
곱셈의 감각	나눗셈의 감각

1 (세 자리 수)×(두 자리 수)
2 (네 자리 수)×(두 자리 수)
3 (몇백), (몇천) 곱하기
4 곱셈 종합
5 몇십으로 나누기
6 (두 자리 수)÷(두 자리 수)
7 몫이 한 자리 수인 (세 자리 수)÷(두 자리 수)
8 몫이 두 자리 수인 (세 자리 수)÷(두 자리 수)

4학년 B

분수의 원리	덧셈과 뺄셈의 감각
덧셈과 뺄셈의 원리	
덧셈과 뺄셈의 성질	
덧셈과 뺄셈의 활용	

1 분모가 같은 진분수의 덧셈
2 분모가 같은 대분수의 덧셈
3 분모가 같은 진분수의 뺄셈
4 분모가 같은 대분수의 뺄셈
5 자릿수가 같은 소수의 덧셈
6 자릿수가 다른 소수의 덧셈
7 자릿수가 같은 소수의 뺄셈
8 자릿수가 다른 소수의 뺄셈

2 사칙연산이 아니라 수학이 담긴 연산을 해야 초·중·고 수학이 잡힌다.

수학은 초등, 중등, 고등까지 하나로 연결되어 있는 과목이기 때문에 초등에서의 개념 형성이
중고등 학습에도 영향을 주게 됩니다.
초등에서 배우는 개념은 가볍게 여기기 쉽지만 중고등 과정에서의 중요한 개념과 연결되므로
그것의 수학적 의미를 짚어줄 수 있는 연산 학습이 반드시 필요합니다.
또한 중고등 과정에서 배우는 수학의 법칙들을 초등 눈높이에서부터 경험하게 하여
전체 수학 학습의 중심을 잡아줄 수 있어야 합니다.

초등: 자리별로 계산하기

	백	십	일
		2	2
×			5
		1	0
+	1	0	0
	1	1	0

열 마리가 모이면 올라갈 수 있어!

너랑 나랑은 만날 수 없어!

십의 자리

일의 자리

중등: 동류항끼리 계산하기

다항식: $2x-3y+5$
동류항의 계산: $2a+3b-a+2b=a+5b$

고등: 동류항끼리 계산하기

복소수의 사칙계산

실수 a, b, c, d에 대하여
$(a+bi)+(c+di)=(a+c)+(b+d)i$
$(a+bi)-(c+di)=(a-c)+(b-d)i$

초등: 곱하여 더해 보기

$$10 \times 2 = 20$$
$$3 \times 2 = 6$$
$$13 \times 2 = 26$$

더해서 곱하나 곱해서 더하나 네모 칸의 수는 같아.

$$(10+3) \times 2 = 10 \times 2 + 3 \times 2$$

중등: 분배법칙

곱셈의 분배법칙

$a \times (b+c) = a \times b + a \times c$

다항식의 곱셈

다항식 a, b, c, d에 대하여
$(a+b) \times (c+d) = a \times c + a \times d + b \times c + b \times d$

다항식의 인수분해

다항식 m, a, b에 대하여
$ma+mb=m(a+b)$

3 생각하고, 풀고, 느껴야 수학 개념이 남는다.

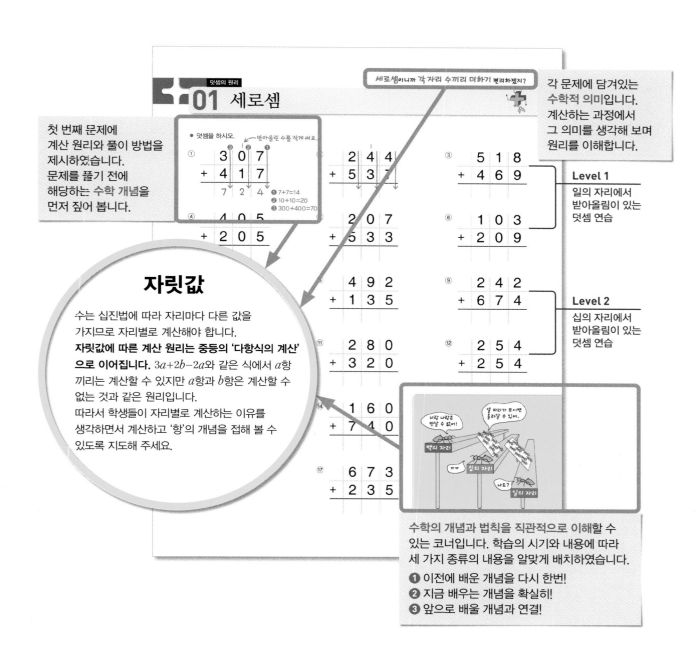

세로셈이니까 각 자리 수끼리 더하기 편리하겠지?

각 문제에 담겨있는 수학적 의미입니다. 계산하는 과정에서 그 의미를 생각해 보며 원리를 이해합니다.

덧셈의 원리
01 세로셈

첫 번째 문제에 계산 원리와 풀이 방법을 제시하였습니다. 문제를 풀기 전에 해당하는 수학 개념을 먼저 짚어 봅니다.

● 덧셈을 하시오.
받아올린 수를 작게 써요.

①
```
  3 0 7
+ 4 1 7
─────────
  7 2 4
```
❶ 7+7=14
❷ 10+10=20
❸ 300+400=700

④
```
  4 0 5
+ 2 0 5
```

②
```
  2 4 4
+ 5 3 7
```

⑤
```
  2 0 7
+ 5 3 3
```

③
```
  5 1 8
+ 4 6 9
```

⑥
```
  1 0 3
+ 2 0 9
```

Level 1
일의 자리에서 받아올림이 있는 덧셈 연습

⑦
```
  4 9 2
+ 1 3 5
```

⑨
```
  2 4 2
+ 6 7 4
```

Level 2
십의 자리에서 받아올림이 있는 덧셈 연습

⑪
```
  2 8 0
+ 3 2 0
```

⑫
```
  2 5 4
+ 2 5 4
```

⑭
```
  1 6 0
+ 7 4 0
```

⑰
```
  6 7 3
+ 2 3 5
```

자릿값

수는 십진법에 따라 자리마다 다른 값을 가지므로 자리별로 계산해야 합니다. **자릿값에 따른 계산 원리는 중등의 '다항식의 계산'으로 이어집니다.** $3a+2b-2a$와 같은 식에서 a항끼리는 계산할 수 있지만 a항과 b항은 계산할 수 없는 것과 같은 원리입니다.
따라서 학생들이 자리별로 계산하는 이유를 생각하면서 계산하고 '항'의 개념을 접해 볼 수 있도록 지도해 주세요.

수학의 개념과 법칙을 직관적으로 이해할 수 있는 코너입니다. 학습의 시기와 내용에 따라 세 가지 종류의 내용을 알맞게 배치하였습니다.

❶ 이전에 배운 개념을 다시 한번!
❷ 지금 배우는 개념을 확실히!
❸ 앞으로 배울 개념과 연결!

수학적 연산 분류에 따른 전체 학습 설계

디딤돌
연산은
수학이다.

디딤돌

수학적 의미에 따른 연산의 분류

같아 보이지만 완전히 다릅니다!

1. 입체적 학습의 흐름

연산은 수학적 개념을 바탕으로 합니다.
따라서 단순 계산 문제를 반복하는 것이 아니라 원리를 이해하고, 계산 방법을 익히고,
수학적 법칙을 경험해 볼 수 있는 문제를 다양하게 접할 수 있어야 합니다.
연산을 다양한 각도에서 생각해 볼 수 있는 문제들로 계산력을 뛰어넘는 수학 실력을 길러 주세요.

연산

곱셈의 원리 ▶ 계산 원리 이해
02 수를 가르기하여 계산하기

곱셈의 원리 ▶ 계산 방법과 자릿값의 이해
03 자리별로 계산하기

본 학습에 들어가기 전에 필요한 도움닫기 문제입니다.
이전에 배운 내용과 연계하거나 단계를 주어 계산 원리를
쉽게 이해할 수 있도록 하였습니다.

곱셈의 원리 ▶ 계산 방법과 자릿값의 이해
04 세로셈

곱셈의 원리 ▶ 계산 방법과 자릿값의 이해
05 가로셈

가장 기본적인 계산 문제입니다.
본 학습의 계산 원리를 익힐 수 있도록
충분히 연습합니다.

기존 연산책의 학습 범위

곱셈의 원리 ▶ 계산 원리 이해
06 정해진 수 곱하기

곱셈의 원리 ▶ 계산 방법 이해
09 곱셈으로 덧셈하기

연산의 원리, 성질들을 느끼고 활용해 보는 문제입니다.
하나의 연산 원리를 다양한 관점에서 생각해 보고
수학의 개념과 법칙을 이해합니다.

곱셈의 성질 ▶ 교환법칙
10 마주 보는 곱셈

곱셈의 원리 ▶ 계산 방법 이해
11 곱셈식을 보고 식 완성하기

연산의 원리를 바탕으로 수를 다양하게 조작해 보고
추론하여 해결하는 문제입니다. 앞서 학습한 연산의 원리,
성질들을 이용하여 사고력과 수 감각을 기릅니다.

수학

2. 입체적 학습의 구성

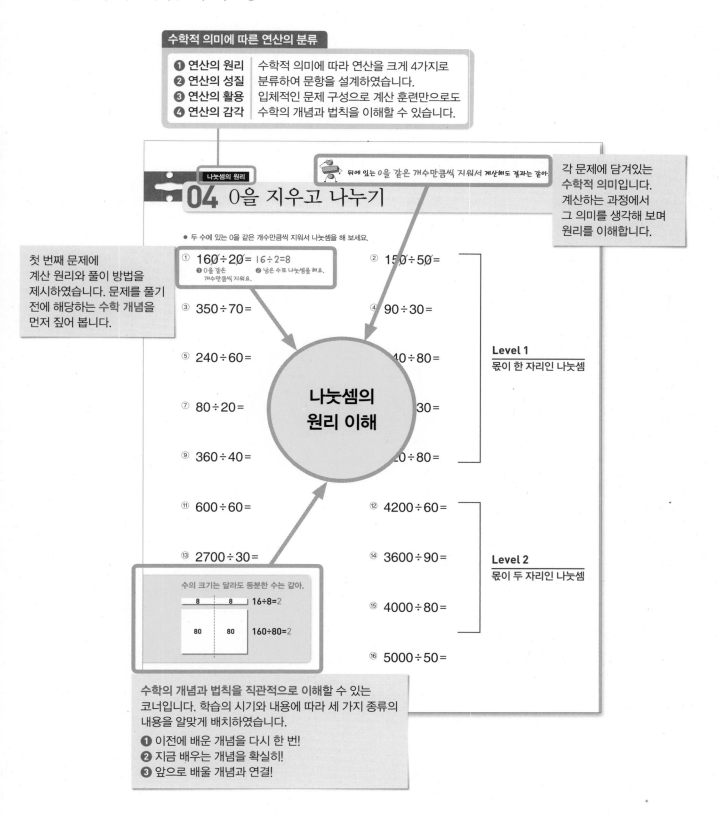

수학적 의미에 따른 연산의 분류

❶ **연산의 원리**
❷ **연산의 성질**
❸ **연산의 활용**
❹ **연산의 감각**

수학적 의미에 따라 연산을 크게 4가지로 분류하여 문항을 설계하였습니다. 입체적인 문제 구성으로 계산 훈련만으로도 수학의 개념과 법칙을 이해할 수 있습니다.

나눗셈의 원리

뒤에 있는 0을 같은 개수만큼씩 지워서 계산해도 결과는 같아.

04 0을 지우고 나누기

각 문제에 담겨있는 수학적 의미입니다. 계산하는 과정에서 그 의미를 생각해 보며 원리를 이해합니다.

● 두 수에 있는 0을 같은 개수만큼씩 지워서 나눗셈을 해 보세요.

첫 번째 문제에 계산 원리와 풀이 방법을 제시하였습니다. 문제를 풀기 전에 해당하는 수학 개념을 먼저 짚어 봅니다.

① $160 \div 20 = 16 \div 2 = 8$
❶ 0을 같은 개수만큼씩 지워요.　❷ 남은 수로 나눗셈을 해요.

② $150 \div 50 =$

③ $350 \div 70 =$

④ $90 \div 30 =$

⑤ $240 \div 60 =$

⑥ $40 \div 80 =$

Level 1
몫이 한 자리인 나눗셈

⑦ $80 \div 20 =$

$30 =$

**나눗셈의
원리 이해**

⑨ $360 \div 40 =$

$0 \div 80 =$

⑪ $600 \div 60 =$

⑫ $4200 \div 60 =$

⑬ $2700 \div 30 =$

⑭ $3600 \div 90 =$

Level 2
몫이 두 자리인 나눗셈

수의 크기는 달라도 등분한 수는 같아.

| 8 | 8 | $16 \div 8 = 2$ |
| 80 | 80 | $160 \div 80 = 2$ |

⑮ $4000 \div 80 =$

⑯ $5000 \div 50 =$

수학의 개념과 법칙을 직관적으로 이해할 수 있는 코너입니다. 학습의 시기와 내용에 따라 세 가지 종류의 내용을 알맞게 배치하였습니다.

❶ 이전에 배운 개념을 다시 한 번!
❷ 지금 배우는 개념을 확실히!
❸ 앞으로 배울 개념과 연결!

×1 (세 자리 수)×(두 자리 수)

일, 십, 백의 자리 순서로 곱한 다음 자리를 맞추어 더해.

● 415 × 44

```
        4  1  5
     ×     4  4
  ─────────────
     1  6  6  0      ← 415 ×  4
 + 1  6  6  0  0      ← 415 × 40
  ─────────────
   1  8  2  6  0      ← 415 × 44
```

"44=4+40으로 생각해."

 이러면 틀린다.

```
     4  1  5
  ×     4  4
  ──────────
     1  6  6  0
     1  6  6  0
  ──────────
     3  3  2  0
```

"십의 자리의 곱은 십의 자리부터
백, 천, 만의 자리 순으로 써야 해."

✗

일의 자리, 십의 자리 순서로 곱셈을 해 봐.

01 단계에 따라 계산하기

● 곱셈을 해 보세요.

①
```
    3 8 4          3 8 4          3 8 4
  ×     5    →   ×   1 0    →   ×   1 5
  1 9 2 0        3 8 4 0    ❶ 384×5    1 9 2 0
                            ❷ 384×10 +  3 8 4 0
                            ❸ ❶+❷      5 7 6 0
```

②
```
    2 6 2          2 6 2          2 6 2
  ×     9    →   ×   2 0    →   ×   2 9
```

③
```
    6 1 8          6 1 8          6 1 8
  ×     3    →   ×   4 0    →   ×   4 3
```

④
```
    9 0 5          9 0 5          9 0 5
  ×     6    →   ×   3 0    →   ×   3 6
```

⑤
```
      4 2 7            4 2 7            4 2 7
  ×       2     →    ×     3 0    →    ×     3 2
```

⑥
```
      8 7 5            8 7 5            8 7 5
  ×       6     →    ×     2 0    →    ×     2 6
```

⑦
```
      7 3 6            7 3 6            7 3 6
  ×       5     →    ×     4 0    →    ×     4 5
```

⑧
```
      5 9 3            5 9 3            5 9 3
  ×       8     →    ×     1 0    →    ×     1 8
```

02 수를 가르기하여 계산하기

● 곱하는 수를 가르기하여 곱셈을 해 보세요.

① $111 \times 3 = 333$
$111 \times 40 = 4440$
$111 \times 43 = 4773$
43=3+40으로 가르기하여
계산해요.

② $141 \times 1 =$
$141 \times 20 =$
$141 \times 21 =$
21=1+20

③ $303 \times 2 =$
$303 \times 30 =$
$303 \times 32 =$

④ $814 \times 2 =$
$814 \times 20 =$
$814 \times 22 =$

⑤ $320 \times 3 =$
$320 \times 30 =$
$320 \times 33 =$

⑥ $675 \times 3 =$
$675 \times 90 =$
$675 \times 93 =$

⑦ $724 \times 2 =$
$724 \times 50 =$
$724 \times 52 =$

⑧ $662 \times 4 =$
$662 \times 50 =$
$662 \times 54 =$

⑨ $968 \times 7 =$
$968 \times 40 =$
$968 \times 47 =$

⑩ $788 \times 6 =$
$788 \times 20 =$
$788 \times 26 =$

⑪ $451 \times 9 =$
$451 \times 60 =$
$451 \times 69 =$

⑫ $550 \times 6 =$
$550 \times 20 =$
$550 \times 26 =$

⑬ $286 \times 3 =$
$286 \times 40 =$
$286 \times 43 =$

⑭ $357 \times 1 =$
$357 \times 80 =$
$357 \times 81 =$

⑮ $507 \times 2 =$
$507 \times 60 =$
$507 \times 62 =$

⑯ $492 \times 6 =$
$492 \times 50 =$
$492 \times 56 =$

⑰ $846 \times 4 =$
$846 \times 70 =$
$846 \times 74 =$

⑱ $734 \times 2 =$
$734 \times 30 =$
$734 \times 32 =$

⑲ $637 \times 9 =$
$637 \times 20 =$
$637 \times 29 =$

⑳ $452 \times 8 =$
$452 \times 20 =$
$452 \times 28 =$

㉑ $364 \times 3 =$
$364 \times 40 =$
$364 \times 43 =$

㉒ $815 \times 3 =$
$815 \times 40 =$
$815 \times 43 =$

㉓ $927 \times 4 =$
$927 \times 20 =$
$927 \times 24 =$

㉔ $254 \times 8 =$
$254 \times 70 =$
$254 \times 78 =$

일의 자리와 십의 자리를 각각 곱해서 더하는 거야.

03 자리별로 계산하기

● 각 자리의 곱을 구하여 더해 보세요.

①
$$
\begin{array}{r}
1\ 5\ 6 \\
\times\quad 2\ 7 \\
\hline
1\ 0\ 9\ 2 \\
+\ 3\ 1\ 2\ 0 \\
\hline
4\ 2\ 1\ 2 \\
\end{array}
$$
❶ 156×7
❷ 156×20
❸ ❶+❷

②
$$
\begin{array}{r}
3\ 1\ 8 \\
\times\quad 3\ 0 \\
\hline
\end{array}
$$
❶ 318×0
❷ 318×30

③
$$
\begin{array}{r}
2\ 5\ 8 \\
\times\quad 1\ 7 \\
\hline
\end{array}
$$

④
$$
\begin{array}{r}
4\ 8\ 7 \\
\times\quad 1\ 3 \\
\hline
\end{array}
$$

⑤
$$
\begin{array}{r}
5\ 3\ 4 \\
\times\quad 3\ 1 \\
\hline
\end{array}
$$

⑥
$$
\begin{array}{r}
7\ 5\ 2 \\
\times\quad 5\ 8 \\
\hline
\end{array}
$$

⑦
$$
\begin{array}{r}
2\ 0\ 5 \\
\times\quad 1\ 6 \\
\hline
\end{array}
$$

⑧
$$
\begin{array}{r}
6\ 1\ 8 \\
\times\quad 3\ 2 \\
\hline
\end{array}
$$

⑨
$$
\begin{array}{r}
1\ 1\ 3 \\
\times\quad 4\ 1 \\
\hline
\end{array}
$$

⑩
$$
\begin{array}{r}
8\ 7\ 2 \\
\times\quad 1\ 1 \\
\hline
\end{array}
$$

⑪
$$
\begin{array}{r}
9\ 3\ 5 \\
\times\quad 3\ 6 \\
\hline
\end{array}
$$

⑫
$$
\begin{array}{r}
6\ 5\ 1 \\
\times\quad 2\ 5 \\
\hline
\end{array}
$$

⑬
```
      4 0 3
  ×     4 2
  ─────────
```

⑭
```
      3 4 9
  ×     2 5
  ─────────
```

⑮
```
      5 3 6
  ×     7 3
  ─────────
```

⑯
```
      3 5 7
  ×     4 3
  ─────────
```

⑰
```
      2 1 6
  ×     3 7
  ─────────
```

⑱
```
      9 2 1
  ×     6 8
  ─────────
```

⑲
```
      4 5 9
  ×     6 5
  ─────────
```

⑳
```
      8 4 5
  ×     5 4
  ─────────
```

㉑
```
      7 2 8
  ×     6 0
  ─────────
```

㉒
```
      3 9 5
  ×     2 6
  ─────────
```

㉓
```
      4 1 7
  ×     5 4
  ─────────
```

㉔
```
      5 6 2
  ×     1 9
  ─────────
```

04 세로셈 ✖ 계산 순서를 생각하며 자리를 맞추어 계산해 보자.

● 곱셈을 해 보세요.

①
$$\begin{array}{r} 356 \\ \times\ 83 \\ \hline 1068 \\ +2848\quad\ \ \\ \hline 29548 \end{array}$$
❶ 356×3
❷ 356×8
❸ ❶+❷

②
$$\begin{array}{r} 254 \\ \times\ 70 \\ \hline 17780 \end{array}$$
❶ 일의 자리에 0을 쓰고
❷ 254×7의 곱을 십의 자리부터 써요.

③
$$\begin{array}{r} 457 \\ \times\ 46 \\ \hline \end{array}$$

④
$$\begin{array}{r} 106 \\ \times\ 22 \\ \hline \end{array}$$

⑤
$$\begin{array}{r} 521 \\ \times\ 39 \\ \hline \end{array}$$

⑥
$$\begin{array}{r} 938 \\ \times\ 65 \\ \hline \end{array}$$

⑦
$$\begin{array}{r} 895 \\ \times\ 51 \\ \hline \end{array}$$

⑧
$$\begin{array}{r} 777 \\ \times\ 33 \\ \hline \end{array}$$

⑨
$$\begin{array}{r} 372 \\ \times\ 18 \\ \hline \end{array}$$

⑩
$$\begin{array}{r} 338 \\ \times\ 54 \\ \hline \end{array}$$

$$\begin{array}{r} 338 \\ \times\ 54 \\ \hline 1352 \\ 1690 \\ \hline 18252 \end{array}$$

올림을 표시해야 잊지 않고 더할 수 있어.

⑪
$$\begin{array}{r} 400 \\ \times\ 50 \\ \hline \end{array}$$

⑫
```
      2 9 1
  ×     3 2
```

⑬
```
      1 4 9
  ×     3 4
```

⑭
```
      2 3 7
  ×     8 8
```

⑮
```
      5 1 2
  ×     1 4
```

⑯
```
      8 4 8
  ×     4 2
```

⑰
```
      5 4 5
  ×     7 6
```

⑱
```
      1 1 4
  ×     4 9
```

⑲
```
      7 5 2
  ×     6 1
```

⑳
```
      5 8 3
  ×     7 4
```

㉑
```
      6 3 3
  ×     5 2
```

㉒
```
      4 7 3
  ×     6 7
```

㉓
```
      9 6 4
  ×     2 8
```

㉔
```
    8 2 7
  ×   6 5
```

㉕
```
    5 3 4
  ×   7 8
```

㉖
```
    7 5 6
  ×   4 2
```

㉗
```
    5 1 8
  ×   2 9
```

㉘
```
    4 9 8
  ×   3 7
```

㉙
```
    6 2 9
  ×   5 3
```

㉚
```
    7 9 6
  ×   1 9
```

㉛
```
    1 4 7
  ×   8 3
```

㉜
```
    9 1 2
  ×   4 7
```

㉝
```
    4 6 9
  ×   9 1
```

㉞
```
    8 5 3
  ×   4 8
```

㉟
```
    2 0 7
  ×   6 3
```

05 가로셈  세로셈으로 하면 더 정확히 계산할 수 있어.

● 세로셈으로 쓰고 곱셈을 해 보세요.

① 133×87

```
        1   3   3
   ×        8   7
        9   3   1    ❶ 133×7
 +  1   0   6   4    ❷ 133×8
    1   1   5   7   1  ❸ ❶+❷
```

② 932×45

③ 248×62

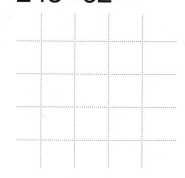

④ 717×59

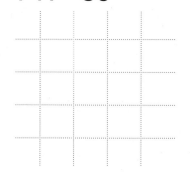

⑤ 369×28

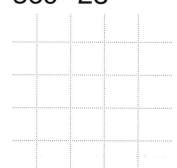

⑥ 507×14

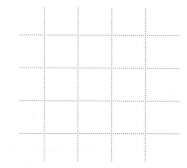

⑦ 654×70

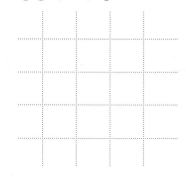

⑧ 476×39

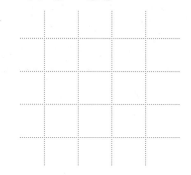

⑨ 804×30

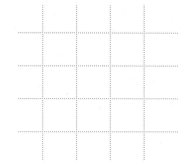

17

⑩ 835×81

⑪ 550×43

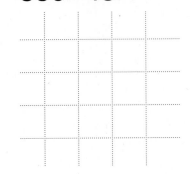

⑫ 647×64

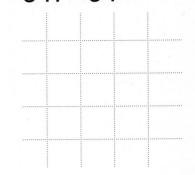

⑬ 260×50

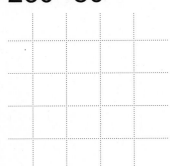

⑭ 374×38

⑮ 421×72

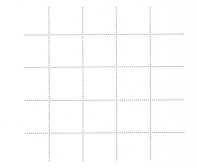

⑯ 196×26

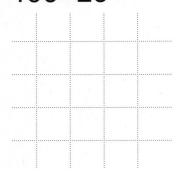

⑰ 953×14

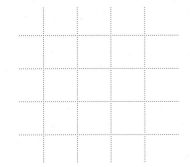

⑱ 719×55

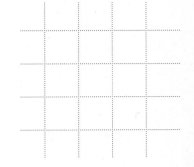

⑲ 420×86

⑳ 539×91

㉑ 640×30

㉒ 963×57

㉓ 689×42

㉔ 472×68

㉕ 238×54

㉖ 195×34

㉗ 851×93

곱해지는 수에 따라 **계산 결과가 어떻게 달라지는지** 살펴봐.

06 정해진 수 곱하기

● 곱셈을 해 보세요.

① **15를 곱해 보세요.**

곱해지는 수가 1씩 커지면

	1	2	⓪				1	2	①				1	2	2
×		1	5			×		1	5						
	6	0	0				6	0	5						
+	1	2	0			+	1	2	1						
	1	8	0	0			1	8	1	5					

계산 결과는 15씩 커져요.

② **40을 곱해 보세요.**

	3	1	5				3	1	6				3	1	7

③ **20을 곱해 보세요.**

	6	3	3				6	3	4				6	3	5

④ **35를 곱해 보세요.**

	2	0	6				2	0	7				2	0	8

⑤ 50을 곱해 보세요.

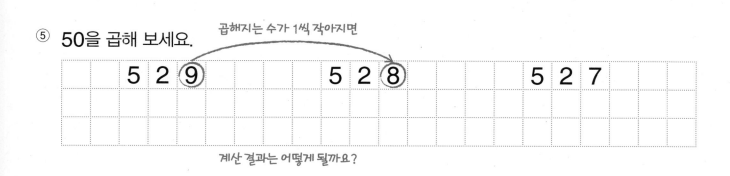

곱해지는 수가 1씩 작아지면

		5	2	9				5	2	8					5	2	7		

계산 결과는 어떻게 될까요?

⑥ 90을 곱해 보세요.

		9	4	3				9	4	2				9	4	1		

⑦ 65를 곱해 보세요.

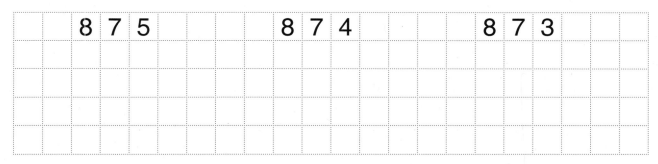

⑧ 25를 곱해 보세요.

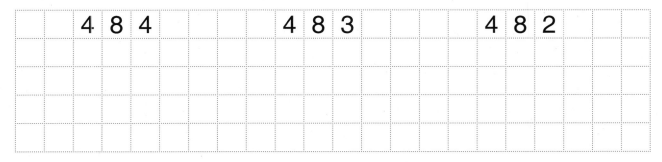

여러 가지 수를 곱하고 **계산 결과를** 비교해 봐.

✗07 여러 가지 수 곱하기

● 곱셈을 해 보세요.

①

	3	0	0
×		①	0
3	0	0	0

	3	0	0
×		②	0

	3	0	0
×		3	0

곱하는 수가 10씩 커지면
계산 결과는 3000씩 커져요.

②

	2	5	0
×		1	0

	2	5	0
×		2	0

	2	5	0
×		3	0

③

	5	0	1
×		2	0

	5	0	1
×		3	0

	5	0	1
×		4	0

④

	4	2	5
×		2	0

	4	2	5
×		3	0

	4	2	5
×		4	0

⑤

| | 6 | 3 | 0 | | | 6 | 3 | 0 | | | 6 | 3 | 0 |
|×| | 5 | 0 | |×| | 4 | 0 | |×| | 3 | 0 |

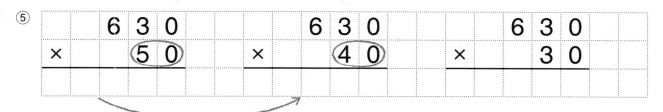

곱하는 수가 10씩 작아지면
계산 결과는 어떻게 될까요?

⑥

| | 1 | 4 | 0 | | | 1 | 4 | 0 | | | 1 | 4 | 0 |
|×| | 7 | 0 | |×| | 6 | 0 | |×| | 5 | 0 |

⑦

| | 8 | 1 | 5 | | | 8 | 1 | 5 | | | 8 | 1 | 5 |
|×| | 8 | 0 | |×| | 7 | 0 | |×| | 6 | 0 |

⑧

| | 7 | 0 | 4 | | | 7 | 0 | 4 | | | 7 | 0 | 4 |
|×| | 9 | 0 | |×| | 8 | 0 | |×| | 7 | 0 |

곱하는 수만 비교해 봐도 곱의 크기를 비교할 수 있어.

08 계산하지 않고 크기 비교하기

● 계산하지 않고 크기를 비교하여 ○ 안에 >, <를 써 보세요.

① 124 < 124×10
곱한 쪽이 더 커요.

② 326×⑰ < 326×㉗
같은 수에 큰 수를 곱한 쪽이 더 커요.

③ 275×12 ○ 275×16

④ 430×50 ○ 430×60

⑤ 732×40 ○ 732×36

⑥ 536×18 ○ 536×81

⑦ 496×75 ○ 496×99

⑧ 137×91 ○ 137×90

⑨ ⓐ248×23 ○ ⓐ249×23

⑩ 364×37 ○ 264×37

⑪ 162×49 ○ 168×49

⑫ 513×24 ○ 531×24

⑬ 754×28 ○ 745×28

⑭ 663×31 ○ 660×31

⑮ 874×18 ○ 847×18

⑯ 918×65 ○ 981×65

같은 수를 여러 번 더하는 것을 곱셈으로 나타낼 수 있어.

09 곱셈으로 덧셈하기

● 곱셈을 이용하여 다음 수를 구해 보세요.

① 246을 10번 더한 수 ___ 246×10

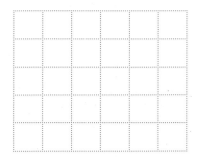

② 123을 11번 더한 수 ___ 123×11

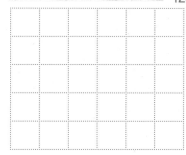

③ 552를 20번 더한 수

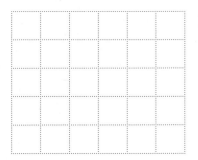

④ 324를 35번 더한 수

⑤ 738을 24번 더한 수

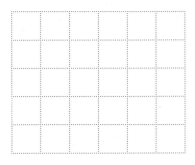

⑥ 802를 47번 더한 수

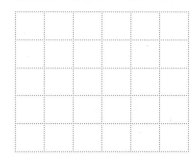

⑦ 518을 19번 더한 수

⑧ 934를 61번 더한 수

⑨ 391을 45번 더한 수

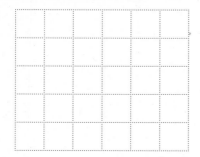

⑩ 267을 34번 더한 수

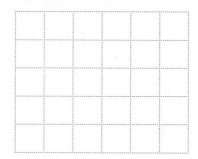

⑪ 813을 57번 더한 수

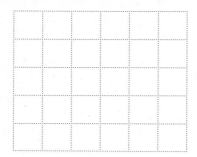

⑫ 762를 23번 더한 수

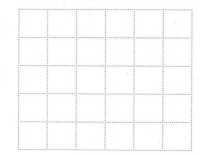

⑬ 598을 63번 더한 수

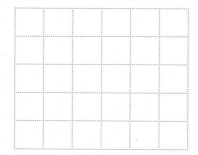

⑭ 428을 55번 더한 수

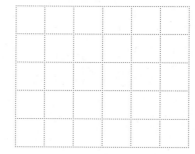

⑮ 273을 48번 더한 수

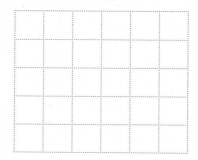

⑯ 356을 70번 더한 수

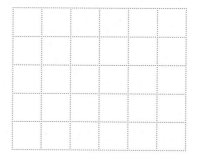

10 마주 보는 곱셈

● ☐ 안에 알맞은 수를 써 보세요.

① $131 \times 68 = \boxed{8908} = 68 \times 131$

```
❶    1 3 1
   ×   6 8
   ─────────
     8 9 0 8
```

```
❷      6 8
   × 1 3 1
   ─────────
     8 9 0 8
```

② $236 \times 42 = \boxed{} = 42 \times 236$

③ $375 \times 37 = \boxed{} = 37 \times 375$

④ $147 \times 56 = \boxed{} = 56 \times 147$

⑤ $402 \times 61 = \boxed{} = 61 \times 402$

⑥ $715 \times 19 = \boxed{} = 19 \times 715$

⑦ $524 \times 53 = \boxed{} = 53 \times 524$

⑧ $492 \times 88 = \boxed{} = 88 \times 492$

⑨ $812 \times 44 = \boxed{} = 44 \times 812$

⑩ $748 \times 95 = \boxed{} = 95 \times 748$

⑪ $480 \times 24 = \boxed{} = 24 \times 480$

⑫ $986 \times 21 = \boxed{} = 21 \times 986$

⑬ $637 \times 93 = \boxed{} = 93 \times 637$

$1 \times 6 = 6 \times 1$
$100 \times 6 = 6 \times 100$
$100 \times 60 = 60 \times 100$
─────────────────
$A \times B = B \times A$

두 수를 바꾸어 곱해도 결과는 같아.

중학생이 되면 교환법칙이라고 부를 거야.

27

11 곱셈식을 보고 식 완성하기

곱하기는 같은 수를 여러 번 더한 것임을 기억해.

● 빈칸에 알맞은 수를 써 보세요.

① $817 \times 11 = 817 \times 10 +$ <u>817</u>
817을 11번 더한 것 ⎯ 817을 10번 더한 것 ⎯ 817을 한 번 더 더해야 양쪽이 같아져요.

② $354 \times 20 = 354 \times 19 +$ ____

③ $928 \times 56 = 928 \times 55 +$ ____

④ $451 \times 37 = 451 \times 36 +$ ____

⑤ $154 \times 68 = 154 \times 67 +$ ____

⑥ $207 \times 42 = 207 \times 41 +$ ____

⑦ $538 \times 43 = 538 \times 42 +$ ____

⑧ $693 \times 25 = 693 \times 24 +$ ____

⑨ $315 \times 64 = 315 \times 63 +$ ____

⑩ $726 \times 81 = 726 \times 80 +$ ____

⑪ $700 \times 92 = 700 \times 90 +$ ____

⑫ $400 \times 84 = 400 \times 82 +$ ____

⑬ $275 \times 57 = 275 \times 55 +$ ____

⑭ $310 \times 63 = 310 \times 60 +$ ____

⑮ $736 \times 10 = 736 \times 11 - \underline{736}$

736을 10번 더한 것　　736을 11번 더한 것　　736을 한 번 빼야
　　　　　　　　　　　　　　　　　　　양쪽이 같아져요.

⑯ $852 \times 80 = 852 \times 81 - \underline{\hspace{1.5cm}}$

⑰ $367 \times 26 = 367 \times 27 - \underline{\hspace{1.5cm}}$

⑱ $657 \times 55 = 657 \times 56 - \underline{\hspace{1.5cm}}$

⑲ $442 \times 82 = 442 \times 83 - \underline{\hspace{1.5cm}}$

⑳ $923 \times 47 = 923 \times 48 - \underline{\hspace{1.5cm}}$

㉑ $593 \times 62 = 593 \times 63 - \underline{\hspace{1.5cm}}$

㉒ $384 \times 28 = 384 \times 29 - \underline{\hspace{1.5cm}}$

㉓ $286 \times 43 = 286 \times 44 - \underline{\hspace{1.5cm}}$

㉔ $492 \times 54 = 492 \times 55 - \underline{\hspace{1.5cm}}$

㉕ $900 \times 70 = 900 \times 72 - \underline{\hspace{1.5cm}}$

㉖ $250 \times 58 = 250 \times 60 - \underline{\hspace{1.5cm}}$

㉗ $425 \times 50 = 425 \times 52 - \underline{\hspace{1.5cm}}$

㉘ $604 \times 80 = 604 \times 83 - \underline{\hspace{1.5cm}}$

(네 자리 수)×(두 자리 수)

일, 십, 백, 천의 자리 순서로 곱한 다음 자리를 맞추어 더해.

● 1024 × 55

$$
\begin{array}{r}
1\,0\,2\,4 \\
\times\qquad 5\,5 \\
\hline
5\,1\,2\,0 \\
5\,1\,2\,0\,0 \\
\hline
5\,6\,3\,2\,0
\end{array}
$$

← 1024 × 5

← 1024 × 50

← 1024 × 55

"55=5+50으로 생각해."

01 단계에 따라 계산하기

일의 자리, 십의 자리 순서로 곱셈을 해 봐.

● 곱셈을 해 보세요.

①
```
    1 4 1 8          1 4 1 8              1 4 1 8
  ×       6     →  ×     3 0     →      ×     3 6
    8 5 0 8        4 2 5 4 0      ❶ 1418×6    8 5 0 8
                              ❷ 1418×30  +  4 2 5 4 0
                              ❸ ❶+❷      5 1 0 4 8
```

②
```
    4 0 6 3          4 0 6 3              4 0 6 3
  ×       5     →  ×     2 0     →      ×     2 5
```

③
```
    3 3 1 7          3 3 1 7              3 3 1 7
  ×       2     →  ×     4 0     →      ×     4 2
```

④
```
    8 9 2 5          8 9 2 5              8 9 2 5
  ×       3     →  ×     1 0     →      ×     1 3
```

⑤

```
    3 1 4 6          3 1 4 6          3 1 4 6
×           7    →  ×         5 0  →  ×         5 7
```

⑥

```
    5 4 0 9          5 4 0 9          5 4 0 9
×           8    →  ×         2 0  →  ×         2 8
```

⑦

```
    7 2 3 8          7 2 3 8          7 2 3 8
×           2    →  ×         4 0  →  ×         4 2
```

⑧

```
    6 8 9 3          6 8 9 3          6 8 9 3
×           5    →  ×         1 0  →  ×         1 5
```

02 수를 가르기하여 계산하기

수를 (몇)+(몇십)으로 가르기하여 곱해 봐.

● 곱하는 수를 가르기하여 곱셈을 해 보세요.

① 2120×6 = 12720
2120×20 = 42400
2120×26 = 55120
26=6+20으로 가르기하여
계산해요.

② 3159×7 =
3159×60 =
3159×67 =
67=7+60

③ 4653×1 =
4653×70 =
4653×71 =

④ 6387×2 =
6387×10 =
6387×12 =

⑤ 1983×4 =
1983×40 =
1983×44 =

⑥ 8146×8 =
8146×30 =
8146×38 =

⑦ 9232×3 =
9232×20 =
9232×23 =

⑧ 7218×5 =
7218×90 =
7218×95 =

⑨ $2185 \times 9 =$
$2185 \times 20 =$
$2185 \times 29 =$

⑩ $4038 \times 4 =$
$4038 \times 50 =$
$4038 \times 54 =$

⑪ $7429 \times 6 =$
$7429 \times 10 =$
$7429 \times 16 =$

⑫ $5283 \times 2 =$
$5283 \times 40 =$
$5283 \times 42 =$

⑬ $8196 \times 4 =$
$8196 \times 20 =$
$8196 \times 24 =$

⑭ $1872 \times 6 =$
$1872 \times 30 =$
$1872 \times 36 =$

⑮ $3875 \times 3 =$
$3875 \times 40 =$
$3875 \times 43 =$

⑯ $6723 \times 9 =$
$6723 \times 70 =$
$6723 \times 79 =$

일의 자리와 십의 자리를 각각 곱해서 더하는 것이 핵심!

03 자리별로 계산하기

● 각 자리의 곱을 구하여 더해 보세요.

①
```
      1 3 4 2
  ×       1 6
    8 0 5 2    ⊕
+ 1 3 4 2 0
  2 1 4 7 2
```

②
```
      4 3 1 6
  ×       3 4
```

③
```
      6 2 5 9
  ×       2 8
```

④
```
      2 9 1 7
  ×       5 5
```

⑤
```
      5 1 3 3
  ×       4 7
```

⑥
```
      7 3 1 5
  ×       8 6
```

⑦
```
      3 2 9 4
  ×       3 0
```

⑧
```
      9 7 2 6
  ×       7 2
```

⑨
```
      1 6 2 8
  ×       8 8
```

⑩
```
      5 7 2 9
  ×       3 9
```

⑪
```
      6 8 4 6
  ×       6 1
```

⑫
```
      8 1 5 6
  ×       7 0
```

⑬
```
      7 8 3 9
×         8 3
─────────────
```

⑭
```
      4 6 8 2
×         5 4
─────────────
```

⑮
```
      9 3 2 7
×         6 0
─────────────
```

⑯
```
      5 5 2 8
×         1 3
─────────────
```

⑰
```
      3 8 4 2
×         9 2
─────────────
```

⑱
```
      2 5 7 5
×         4 5
─────────────
```

⑲
```
      4 5 1 4
×         5 3
─────────────
```

⑳
```
      8 2 1 5
×         9 5
─────────────
```

㉑
```
      1 2 1 3
×         4 8
─────────────
```

㉒
```
      2 4 7 2
×         2 4
─────────────
```

㉓
```
      6 0 2 5
×         3 7
─────────────
```

㉔
```
      9 1 2 0
×         7 1
─────────────
```

04 세로셈 ✕ 세로셈으로 계산을 할 때에는 반드시 자리를 맞추어 써야 한단다.

● 곱셈을 해 보세요.

①
```
      2 6 6 7
  ×       4 1
  ─────────────
      2 6 6 7 ❶
+ 1 0 6 6 8 ○ ❷
  ─────────────
  1 0 9 3 4 7 ❶+❷
```

②
```
    5 0 3 9
×       1 5
```

③
```
    1 6 4 7
×       5 7
```

④
```
    7 1 3 2
×       2 8
```

⑤
```
    6 5 0 4
×       9 2
```

⑥
```
    8 5 8 2
×       3 3
```

⑦
```
    9 8 7 6
×       5 4
```

⑧
```
    9 1 8 3
×       4 9
```

⑨
```
    3 7 6 0
×       6 2
```

⑩
```
    5 6 6 8
×       8 5
```

⑪
```
    8 2 1 2
×       4 7
```

⑫
```
    2 7 5 9
×       3 2
```

⑬
```
      4 5 6 1
  ×       7 2
```

⑭
```
      3 4 6 8
  ×       2 6
```

⑮
```
      9 1 2 1
  ×       4 3
```

⑯
```
      7 4 2 5
  ×       7 6
```

⑰
```
      2 5 8 4
  ×       5 3
```

⑱
```
      4 7 9 2
  ×       2 0
```

⑲
```
      6 5 8 6
  ×       1 7
```

⑳
```
      1 9 2 8
  ×       6 1
```

㉑
```
      3 4 0 7
  ×       8 9
```

㉒
```
      9 8 1 4
  ×       5 2
```

㉓
```
      6 4 3 1
  ×       7 3
```

㉔
```
      4 5 3 6
  ×       9 4
```

세로셈으로 계산을 할 때에는 반드시 자리를 맞추어 써야 한단다.

㉕ 2579 × 47

㉖ 8113 × 39

㉗ 4972 × 18

㉘ 6031 × 93

㉙ 6030 × 93

㉚ 1358 × 65

㉛ 3512 × 78

㉜ 7302 × 45

㉝ 5956 × 36

㉞ 9524 × 61

㉟ 7426 × 28

㊱ 5782 × 84

05 가로셈  세로셈으로 계산하면 더 정확히 계산할 수 있어.

● 세로셈으로 쓰고 곱셈을 해 보세요.

① 4369×73

```
        4 3 6 9
    ×       7 3
    1 3 1 0 7
  + 3 0 5 8 3
  3 1 8 9 3 7
```
자리를 맞추어 쓴 다음
일의 자리부터 계산해요.

② 1947×59

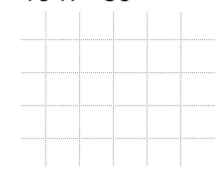

③ 2315×24

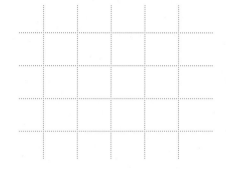

④ 7792×90

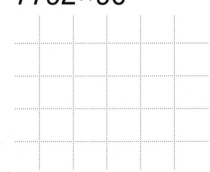

⑤ 3268×87

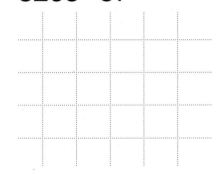

⑥ 8245×61

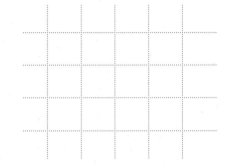

⑦ 5656×12

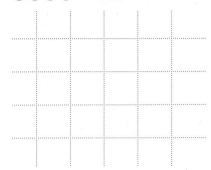

⑧ 9004×94

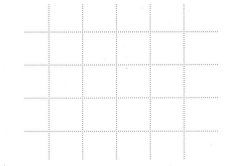

⑨ 6444×36

⑩ 5214×11

⑪ 8642×98

⑫ 4023×50

⑬ 2568×29

⑭ 3790×63

⑮ 1679×52

⑯ 6305×40

⑰ 7447×13

⑱ 3135×79

42

⑲ 2120×26

⑳ 3159×67

㉑ 4653×71

㉒ 6387×12

㉓ 1983×44

㉔ 8146×38

㉕ 9235×26

㉖ 7218×95

㉗ 5836×68

곱하는 수가 일정하게 커지면 계산 결과도 일정하게 커져.

06 여러 가지 수 곱하기

● 곱셈을 해 보세요.

①
```
      1 2 0 0            1 2 0 0            1 2 0 0
  ×      ⑰         ×        ⑱        ×        1 9
      8 4 0 0
  +   1 2 0 0
    2 0 4 0 0
```

곱하는 수가 1씩 커지면 계산 결과는 1200씩 커져요.

②
```
      5 3 7 8            5 3 7 8            5 3 7 8
  ×      4 0        ×        5 0       ×        6 0
```

③
```
      4 6 8 0            4 6 8 0            4 6 8 0
  ×      5 0        ×        6 0       ×        7 0
```

④
```
      2 9 0 8            2 9 0 8            2 9 0 8
  ×      1 0        ×        1 5       ×        2 0
```

⑤

| | | | 8 | 3 | 1 | 0 | | | | | | 8 | 3 | 1 | 0 | | | | | 8 | 3 | 1 | 0 |
|×| | | | ⑨| 0 | | |×| | | | | ⑧| 0 | |×| | | | | 7 | 0 |

곱하는 수가 10씩 작아지면
계산 결과는 어떻게 될까요?

⑥

| | | | 3 | 7 | 6 | 0 | | | | | | 3 | 7 | 6 | 0 | | | | | 3 | 7 | 6 | 0 |
|×| | | | | 4 | 2 | | |×| | | | | 4 | 1 | |×| | | | | 4 | 0 |

⑦

| | | | 7 | 3 | 4 | 5 | | | | | | 7 | 3 | 4 | 5 | | | | | 7 | 3 | 4 | 5 |
|×| | | | | 3 | 0 | | |×| | | | | 2 | 9 | |×| | | | | 2 | 8 |

⑧

| | | | 6 | 7 | 2 | 3 | | | | | | 6 | 7 | 2 | 3 | | | | | 6 | 7 | 2 | 3 |
|×| | | | | 5 | 5 | | |×| | | | | 5 | 4 | |×| | | | | 5 | 3 |

곱셈의 감각

만 또는 몇천이 만들어지는 곱셈을 먼저 하면 훨씬 쉽지.

07 편리하게 계산하기

● □ 안에 알맞은 수를 써 보세요.

① $2500 \times 12 = 2500 \times 4 \times 3 =$ ┌─ 30000 ─┐

┌─ 10000 ─┐

2500 × 12보다
10000 × 3이
더 간단해요.

30000

12 = 2 × 6 = 4 × 3 **이므로**

2500 × 12 ┐
2500 × 2 × 6 ├ 모두 같아!
2500 × 4 × 3 ┘

더 간단한 수를 찾아 곱셈을 해 보자!

② $3600 \times 15 = 3600 \times 5 \times 3 =$

③ $3500 \times 12 = 3500 \times 2 \times 6 =$

④ $1500 \times 18 = 1500 \times 2 \times 9 =$

⑤ $2200 \times 15 = 2200 \times 5 \times 3 =$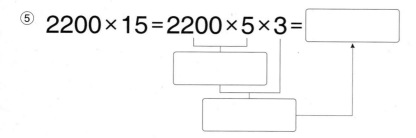

⑥ $4500 \times 14 = 4500 \times 2 \times 7 =$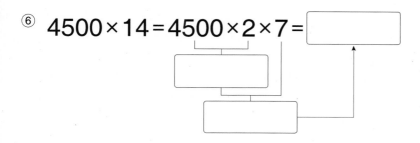

⑦ $1200 \times 35 = 1200 \times 5 \times 7 =$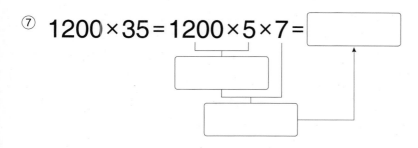

⑧ $2400 \times 15 = 2400 \times 5 \times 3 =$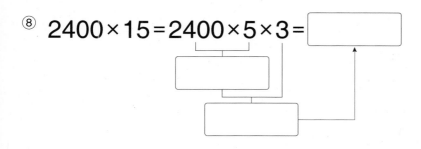

⑨ $4500 \times 18 = 4500 \times 2 \times 9 =$
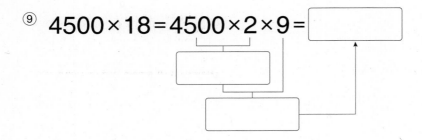

⑩ $4000 \times 45 = 4000 \times 5 \times 9 =$
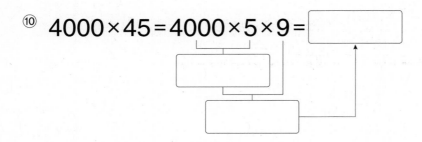

⑪ $1600 \times 25 = 1600 \times 5 \times 5 =$
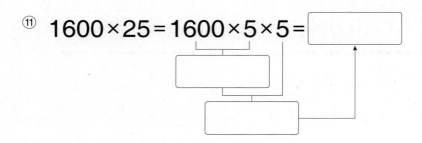

⑫ $2500 \times 24 = 2500 \times 4 \times 6 =$
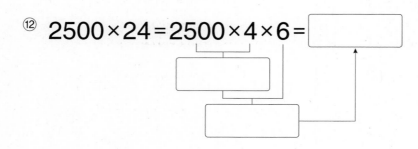

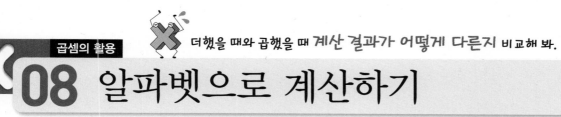

더했을 때와 곱했을 때 **계산 결과가 어떻게 다른지** 비교해 봐.

08 알파벳으로 계산하기

● 알파벳이 나타내는 수를 계산해 보세요.

①

A	B	A + B 50만큼 커져요.	A × B 50배로 커져요.
2950	50	2950 + 50 = 3000	2950 × 50 = 147500
1380	20		
4165	35		
5049	25		

②

A	B	A + B	A × B
3510	90		
7000	80		
8430	30		
9360	40		

③

A	B	A + B	A × B
6257	35		
6258	35		
1100	60		
1100	61		

×3 (몇백), (몇천) 곱하기

(몇)×(몇)에 0의 개수를 합해서 붙여.

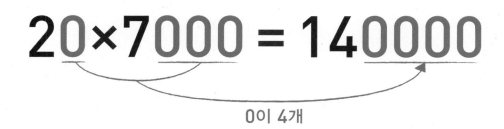

2×7=14

20×700 = 14000

0이 3개

20×7000 = 140000

0이 4개

(몇)×(몇)에서도 0이 생길 수 있어.

20×500 = 10000

2×5 0이 3개

×01 가로셈 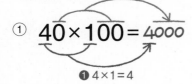 곱하는 두 수의 0의 수를 세어 봐.

● 곱셈을 해 보세요. ❷ 0이 3개 → 10 × 100 = 1000이기 때문이에요.

① 40 × 100 = 4000
  ① 4 × 1 = 4

② 100 × 40 =
  ❷ 0이 3개
  ① 1 × 4 = 4

③ 60 × 1000 =

④ 10 × 6000 =

⑤ 80 × 1000 =

⑥ 800 × 1000 =

⑦ 300 × 100 =

⑧ 60 × 60 =

⑨ 40 × 40 =

⑩ 70 × 30 =

⑪ 800 × 40 =

⑫ 600 × 30 =

⑬ 600 × 60 =

⑭ 800 × 800 =

⑮ 9000 × 20 =

⑯ 700 × 5000 =

⑰ 7000 × 60 =

⑱ 800 × 7000 =

⑲ 6000 × 40 =

⑳ 8000 × 20 =

㉑ 400×30=

㉒ 700×6000=

㉓ 500×400=

㉔ 20×500=

㉕ 800×5000=

㉖ 250×40=

㉗ 800×500=

㉘ 40×500=

㉙ 200×50=

㉚ 400×50=

㉛ 500×8000=

㉜ 200×500=

㉝ 450×4000=

㉞ 6400×500=

㉟ 112×500=

㊱ 3800×500=

㊲ 250×400=

㊳ 420×500=

㊴ 1600×5000=

㊵ 150×80000=

곱하는 두 수의 0의 수를 세어 봐.

㊶ $125 \times 800 =$

㊷ $800 \times 125 =$

㊸ $110 \times 900 =$

㊹ $120 \times 4000 =$

㊺ $210 \times 4000 =$

㊻ $300 \times 230 =$

㊼ $150 \times 3000 =$

㊽ $270 \times 300 =$

㊾ $31 \times 5000 =$

㊿ $123 \times 300 =$

(51) $52 \times 2000 =$

(52) $51 \times 6000 =$

(53) $400 \times 32 =$

(54) $930 \times 200 =$

(55) $530 \times 400 =$

(56) $107 \times 400 =$

(57) $412 \times 300 =$

(58) $703 \times 400 =$

(59) $503 \times 400 =$

(60) $2130 \times 600 =$

02 세로셈

 세로셈에서는 반드시 자리를 맞추어 답을 써야 해.

● 곱셈을 해 보세요.

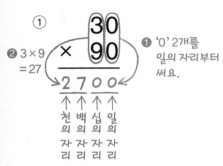

①
```
    30
  ×  90
─────────
  2700
```
❷ 3×9 =27

❶ '0' 2개를 일의 자리부터 써요.

천의 자리 백의 자리 십의 자리 일의 자리

②
```
    50
  ×  30
```

③
```
    60
  ×  40
```

④
```
    700
  ×   80
```

⑤
```
    400
  ×   70
```

⑥
```
    300
  ×   50
```

⑦
```
    400
  ×  400
```

⑧
```
    200
  ×  600
```

⑨
```
    900
  ×  900
```

⑩
```
    500
  ×   50
```

⑪
```
     80
  ×  300
```

⑫
```
     40
  ×  800
```

⑬
```
     300
  ×  7000
```

⑭
```
    8000
  ×   600
```

⑮
```
      700
  ×  2000
```

⑯
```
    3000
 ×   900
```

⑰
```
    7000
 ×   300
```

⑱
```
     500
 ×  9000
```

⑲
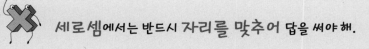

⑳
```
      20
 ×   500
```

㉑
```
     200
 ×    50
```

㉒
```
     400
 ×   500
```

㉓
```
      40
 ×   500
```

㉔
```
     200
 ×   500
```

㉕
```
     500
 ×   800
```

㉖
```
    3200
 ×   500
```

㉗
```
    2500
 ×    40
```

㉘
```
      25
 ×   800
```

㉙
```
     250
 ×   800
```

㉚
```
     720
 ×   500
```

③１
```
     53
×   200
```

③２
```
    901
×   200
```

③３
```
    300
×   406
```

③４
```
    512
×   300
```

③５
```
   4310
×   300
```

③６
```
    320
×   400
```

③７
```
    248
×   200
```

③８
```
    120
×   200
```

③９
```
    450
×  1300
```

④０
```
    250
×   300
```

④１
```
    440
×  5000
```

④２
```
    110
×  1100
```

④３
```
   2310
×    500
```

④４
```
   3500
×    400
```

④５
```
   1500
×    150
```

곱하는 수가 10배가 되면 계산 결과도 10배가 돼!

03 10배씩 커지는 수 곱하기

● 곱셈을 해 보세요.

① 12×2 = 24

12×20 = 240

12×200 = 2400

같은 수에 10배씩 커지는 수를 곱하면
계산 결과도 10배씩 커져요.

② 13×3 =

13×30 =

13×300 =

③ 14×2 =

14×20 =

14×200 =

④ 15×3 =

15×30 =

15×300 =

⑤ 31×3 =

31×30 =

31×300 =

⑥ 25×40 =

25×400 =

25×4000 =

⑦ 42×2 =

42×20 =

42×200 =

⑧ 122×3 =

122×30 =

122×300 =

⑨ 201×4 =

201×40 =

201×400 =

⑩ 333×3 =

333×30 =

333×300 =

⑪ $2 \times 13 =$

$20 \times 13 =$

$200 \times 13 =$

⑫ $4 \times 12 =$

$40 \times 12 =$

$400 \times 12 =$

⑬ $3 \times 12 =$

$30 \times 12 =$

$300 \times 12 =$

⑭ $7 \times 11 =$

$70 \times 11 =$

$700 \times 11 =$

⑮ $20 \times 24 =$

$200 \times 24 =$

$2000 \times 24 =$

⑯ $30 \times 21 =$

$300 \times 21 =$

$3000 \times 21 =$

⑰ $20 \times 15 =$

$200 \times 15 =$

$2000 \times 15 =$

⑱ $40 \times 122 =$

$400 \times 122 =$

$4000 \times 122 =$

⑲ $30 \times 202 =$

$300 \times 202 =$

$3000 \times 202 =$

⑳ $30 \times 332 =$

$300 \times 332 =$

$3000 \times 332 =$

04 곱하는 수 구하기

● 빈칸에 알맞은 수를 써 보세요.

① ┌12와 곱해서 24가 되는 수는 2예요.
12 × __2__ = 24

┌240이 되려면 2의 10배인 20을 곱해요.
12 × __20__ = 240

┌2400이 되려면 2의 100배인 200을 곱해요.
12 × __200__ = 2400

② 11 × _____ = 55

11 × _____ = 550

11 × _____ = 5500

③ 22 × _____ = 66

22 × _____ = 660

22 × _____ = 6600

④ 31 × _____ = 930

31 × _____ = 9300

31 × _____ = 93000

⑤ 42 × _____ = 840

42 × _____ = 8400

42 × _____ = 84000

⑥ 25 × _____ = 1000

25 × _____ = 10000

25 × _____ = 100000

⑦ 50 × _____ = 2000

50 × _____ = 20000

50 × _____ = 200000

⑧ 144 × _____ = 2880

144 × _____ = 28800

144 × _____ = 288000

⑨ 211 × _____ = 6330

211 × _____ = 63300

211 × _____ = 633000

⑩ 125 × _____ = 1000

125 × _____ = 10000

125 × _____ = 100000

⑪ _____ × 14 = 28

_____ × 14 = 280

_____ × 14 = 2800

⑫ _____ × 22 = 66

_____ × 22 = 660

_____ × 22 = 6600

⑬ _____ × 16 = 32

_____ × 16 = 320

_____ × 16 = 3200

⑭ _____ × 13 = 390

_____ × 13 = 3900

_____ × 13 = 39000

⑮ _____ × 15 = 450

_____ × 15 = 4500

_____ × 15 = 45000

⑯ _____ × 33 = 660

_____ × 33 = 6600

_____ × 33 = 66000

⑰ _____ × 32 = 960

_____ × 32 = 9600

_____ × 32 = 96000

⑱ _____ × 202 = 8080

_____ × 202 = 80800

_____ × 202 = 808000

⑲ _____ × 50 = 1000

_____ × 50 = 10000

_____ × 50 = 100000

⑳ _____ × 125 = 10000

_____ × 125 = 100000

_____ × 125 = 1000000

곱셈은 순서를 바꾸어 계산해도 계산 결과가 같아.

05 묶어서 곱하기

● 괄호 안을 먼저 계산하여 곱을 구해 보세요.

① $(30 \times 40) \times 50 = 30 \times (40 \times 50)$

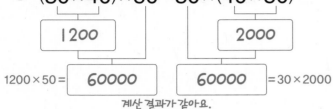

계산 결과가 같아요.

② $(60 \times 50) \times 70 = 60 \times (50 \times 70)$

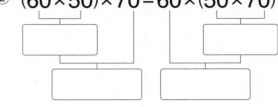

③ $(70 \times 50) \times 90 = 70 \times (50 \times 90)$

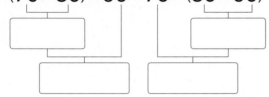

④ $(50 \times 30) \times 80 = 50 \times (30 \times 80)$

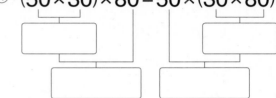

⑤ $(40 \times 20) \times 500 = 40 \times (20 \times 500)$

⑥ $(700 \times 80) \times 50 = 700 \times (80 \times 50)$

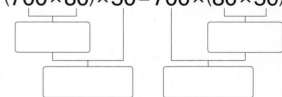

⑦ $(60 \times 800) \times 50 = 60 \times (800 \times 50)$

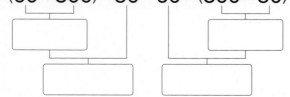

⑧ $(300 \times 50) \times 60 = 300 \times (50 \times 60)$

⑨ $(200 \times 60) \times 500 = 200 \times (60 \times 500)$

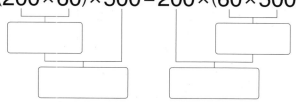

⑩ $(300 \times 50) \times 400 = 300 \times (50 \times 400)$

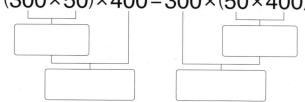

⑪ $(800 \times 20) \times 500 = 800 \times (20 \times 500)$

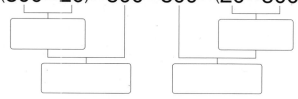

⑫ $(500 \times 60) \times 400 = 500 \times (60 \times 400)$

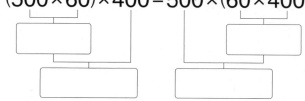

⑬ $(30 \times 250) \times 40 = 30 \times (250 \times 40)$

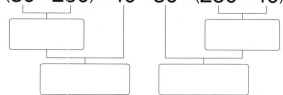

⑭ $(90 \times 80) \times 250 = 90 \times (80 \times 250)$

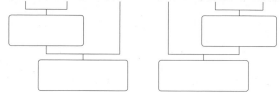

⑮ $(250 \times 20) \times 70 = 250 \times (20 \times 70)$

⑯ $(40 \times 250) \times 70 = 40 \times (250 \times 70)$

식이 다른데 계산 결과가 같은 이유는 뭘까?

06 다르면서 같은 곱셈

● 곱셈을 해 보세요.

① $2 \times 3000 = 6000$

$20 \times 300 = 6000$

$200 \times 30 = 6000$

식은 다르지만 곱하는 0의 개수는 같아요.

② $3 \times 4000 =$

$30 \times 400 =$

$300 \times 40 =$

③ $5 \times 3000 =$

$50 \times 300 =$

$500 \times 30 =$

④ $6 \times 7000 =$

$60 \times 700 =$

$600 \times 70 =$

⑤ $8 \times 2000 =$

$80 \times 200 =$

$800 \times 20 =$

⑥ $9 \times 3000 =$

$90 \times 300 =$

$900 \times 30 =$

⑦ $4 \times 5000 =$

$40 \times 500 =$

$400 \times 50 =$

⑧ $5 \times 6000 =$

$50 \times 600 =$

$500 \times 60 =$

⑨ $8 \times 5000 =$

$80 \times 500 =$

$800 \times 50 =$

⑩ $4 \times 2000 =$

$40 \times 200 =$

$400 \times 20 =$

⑪ $7 \times 5000 =$

$70 \times 500 =$

$700 \times 50 =$

⑫ $3 \times 6000 =$

$30 \times 600 =$

$300 \times 60 =$

⑬ $30 \times 800 =$

$40 \times 600 =$

$120 \times 200 =$

⑭ $40 \times 900 =$

$60 \times 600 =$

$120 \times 300 =$

⑮ $60 \times 800 =$

$120 \times 400 =$

$240 \times 200 =$

⑯ $80 \times 900 =$

$120 \times 600 =$

$240 \times 300 =$

⑰ $80 \times 800 =$

$160 \times 400 =$

$320 \times 200 =$

⑱ $50 \times 600 =$

$100 \times 300 =$

$150 \times 200 =$

⑲ $70 \times 800 =$

$140 \times 400 =$

$280 \times 200 =$

⑳ $70 \times 600 =$

$140 \times 300 =$

$210 \times 200 =$

㉑ $90 \times 400 =$

$120 \times 300 =$

$180 \times 200 =$

㉒ $90 \times 600 =$

$180 \times 300 =$

$270 \times 200 =$

㉓ $20 \times 2000 =$

$40 \times 1000 =$

$80 \times 500 =$

㉔ $90 \times 800 =$

$180 \times 400 =$

$360 \times 200 =$

X 07 등식 완성하기

 '='는 '='의 왼쪽과 오른쪽이 같음을 나타내는 기호야.

● '='의 양쪽이 같게 되도록 □ 안에 알맞은 수를 써 보세요.

① 20×30 = $6 \times$ | 100 |
    ❶ 600   ❷ 600이 되려면 100을 곱해야 해요.

② 30×40 = $12 \times$ □

③ 40×60 = $24 \times$ □

④ 50×70 = $35 \times$ □

⑤ 500×30 = $15 \times$ □

⑥ 600×70 = $42 \times$ □

⑦ 400×400 = $16 \times$ □

⑧ 700×700 = $49 \times$ □

⑨ 8000×30 = $24 \times$ □

⑩ 6000×40 = $24 \times$ □

⑪ 9000×20 = $18 \times$ □

⑫ 500×7000 = $35 \times$ □

⑬ 40×500 = $20 \times$ □

⑭ 200×500 = $10 \times$ □

⑮ 2000×50 = $10 \times$ □

⑯ 500×8000 = $40 \times$ □

두 수씩 **짝을 지어** 곱을 생각해 봐.

08 곱이 같도록 수 묶기

● 두 수의 곱이 같도록 수를 묶어 보세요.

①

30	20
600	400

12000　　　12000

0이 아닌 수끼리의 곱이 같은 두 수를 찾아요.

②

8000	400
200	4000

③

500	60
200	150

④

800	1600
200	400

⑤

700	900
30	21000

⑥

150	500
900	3000

⑦

90	1800
8000	400

⑧

100	1250
625	50

⑨

500	40
100	200

⑩

180	3000
30	500

×4 곱셈 종합

일의 자리, 십의 자리의 곱을 더해.

● 12 × 55

$$12 × \ 5 = \ \ 60$$
$$12 × 50 = 600$$
$$\overline{12 × 55 = 660}$$

"일의 자리의 5는 5를,
십의 자리의 5는 50을 나타내니까
자리별로 곱해서 더해야 해."

● 123 × 55

$$123 × \ 5 = \ \ 615$$
$$123 × 50 = 6150$$
$$\overline{123 × 55 = 6765}$$

● 1234 × 55

$$1234 × \ 5 = \ \ 6170$$
$$1234 × 50 = 61700$$
$$\overline{1234 × 55 = 67870}$$

01 세로셈

세로셈에서는 반드시 자리를 맞추어 계산해야 해.

● 곱셈을 해 보세요.

①
	천	백	십	일
			6	2
×			4	9
		5	5	8
+	2	4	8	
	3	0	3	8

❶ 62×9
❷ 62×4

②
	만	천	백	십	일
		3	5	9	
×				3	4

❶ 359×4
❷ 359×3

③
	십만	만	천	백	십	일
		1	1	5	7	
×					9	3

④
	5	8
×	2	4

⑤
	3	1	7
×		6	4

⑥
	7	3	0	4
×			6	2

⑦
	4	4
×	4	4

⑧
	2	5	3
×		6	5

⑨
	6	2	5	7
×			3	8

⑩
	3	8
×	7	2

⑪
	9	5	1
×		2	3

⑫
	9	0	5	1
×			7	8

⑬
```
      6 6
×     6 6
```

⑭
```
      6 4 7
×       7 1
```

⑮
```
    3 9 0 5
×       4 6
```

⑯
```
      4 9
×     8 5
```

⑰
```
      4 5 6
×       2 4
```

⑱
```
    4 3 2 7
×       6 2
```

⑲
```
      5 3
×     6 8
```

⑳
```
      2 8 7
×       9 2
```

㉑
```
    4 2 9 7
×       3 1
```

㉒
```
      7 7
×     7 7
```

㉓
```
      3 2 8
×       4 5
```

알지?

```
      1 2 3
×       1 4
      4 9 2
    1 2 3 0   ← 123×10
    1 7 2 2
```
여긴 내 자리야!

㉔
```
      6 2
  ×   7 1
```

㉕
```
      7 2 4
  ×     8 3
```

㉖
```
      7 2 5 4
  ×       3 8
```

㉗
```
      5 3
  ×   6 9
```

㉘
```
      7 5 2
  ×     5 3
```

㉙
```
      2 1 5 9
  ×       7 4
```

㉚
```
      7 2
  ×   1 5
```

㉛
```
      2 5 7
  ×     5 8
```

㉜
```
      8 0 5 6
  ×       2 3
```

㉝
```
      4 6
  ×   3 8
```

㉞
```
      2 1 5
  ×     5 3
```

㉟
```
      4 3 6 4
  ×       4 9
```

02 가로셈✕ 세로셈으로 쓰면 계산하기 쉬워.

● 세로셈으로 쓰고 곱셈을 해 보세요.

① $12 \times 37 = 444$
아래 모눈에 자리를 맞추어
세로셈으로 쓰고 계산해요.

② $152 \times 92 =$

③ $6109 \times 23 =$

④ $28 \times 41 =$

⑤ $324 \times 19 =$

⑥ $4127 \times 83 =$

⑦ $26 \times 47 =$

⑧ $752 \times 43 =$

⑨ $6259 \times 25 =$

⑩ $37 \times 95 =$

⑪ $364 \times 23 =$

⑫ $5927 \times 36 =$

➔ 계산 과정을 스스로 정리하며 쓰는 연습을 해요.

①
```
    1 2
×   3 7
    8 4   ❶ 12×7
  3 6     ❷ 12×3
  4 4 4   ❸ 84+360
```
② ③ ④

⑤ ⑥ ⑦ ⑧

⑨ ⑩ ⑪ ⑫

⑬ 13×74=

⑭ 156×32=

⑮ 2951×17=

⑯ 26×93=

⑰ 157×83=

⑱ 5372×28=

⑲ 59×63=

⑳ 257×68=

㉑ 7256×13=

㉒ 93×58=

㉓ 327×69=

㉔ 9359×24=

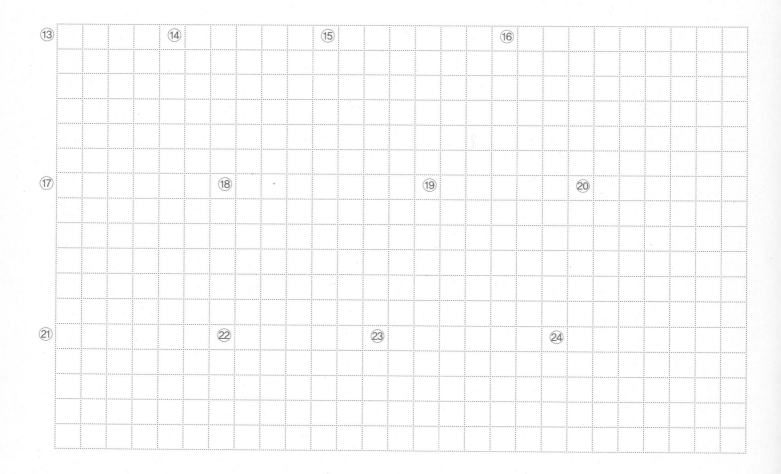

㉕ 14×35=

㉖ 273×56=

㉗ 1907×68=

㉘ 53×17=

㉙ 507×87=

㉚ 3356×82=

㉛ 58×47=

㉜ 751×48=

㉝ 7924×56=

㉞ 63×13=

㉟ 905×36=

㊱ 8451×27=

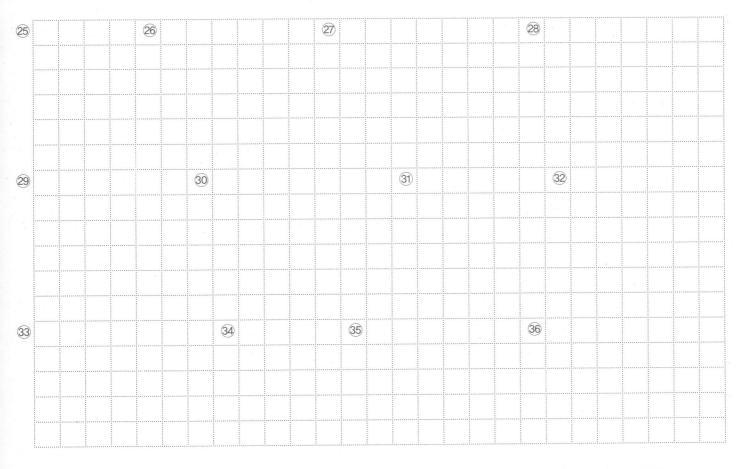

계산한 후 계산 결과에 어떤 규칙이 있는지 살펴봐.

● 곱셈을 해 보세요.

① 12를 곱해 보세요.

```
      3 4              3 4 ⓪            3 4 0 0
   ×  1 2           ×    1 2
   ─────────        ─────────
      4 0 8            4 0 8 ⓪
```

곱해지는 수가 10배가 되면 계산 결과도 10배가 되요.

② 17을 곱해 보세요.

```
      4 3              4 3 0            4 3 0 0
```

③ 22를 곱해 보세요.

```
      6 9              6 9 0            6 9 0 0
```

④ 25를 곱해 보세요.

```
      5 1              5 1 0            5 1 0 0
```

⑤ 28을 곱해 보세요.

```
      4 5              4 5 0            4 5 0 0
```

⑥ **34를 곱해 보세요.**

		4	9				4	9	0				4	9	0	0

⑦ **39를 곱해 보세요.**

		6	2				6	2	0				6	2	0	0

⑧ **45를 곱해 보세요.**

		3	8				3	8	0				3	8	0	0

⑨ **56을 곱해 보세요.**

		7	4				7	4	0				7	4	0	0

⑩ **64를 곱해 보세요.**

		6	5				6	5	0				6	5	0	0

곱하는 수가 몇 배로 커졌는지 알면 계산 결과는 몇 배가 될지 알 수 있어.

04 여러 가지 수 곱하기

● 곱셈을 해 보세요.

① $30 \times 3 = 90$

$30 \times 33 = 990$

$30 \times 333 = 9990$

곱하는 수가 11배, 111배가 되면
계산 결과도 11배, 111배가 되요.

② $40 \times 2 =$

$40 \times 22 =$

$40 \times 222 =$

③ $20 \times 3 =$

$20 \times 33 =$

$20 \times 333 =$

④ $11 \times 2 =$

$11 \times 22 =$

$11 \times 222 =$

⑤ $12 \times 3 =$

$12 \times 33 =$

$12 \times 333 =$

⑥ $21 \times 3 =$

$21 \times 33 =$

$21 \times 333 =$

⑦ $22 \times 2 =$

$22 \times 22 =$

$22 \times 222 =$

⑧ $24 \times 2 =$

$24 \times 22 =$

$24 \times 222 =$

⑨ $22 \times 4 =$

$22 \times 44 =$

$22 \times 444 =$

⑩ $34 \times 2 =$

$34 \times 22 =$

$34 \times 222 =$

⑪ $22 \times 3 =$

$22 \times 33 =$

$22 \times 333 =$

⑫ $23 \times 2 =$

$23 \times 22 =$

$23 \times 222 =$

⑬ $15 \times 4 =$

$15 \times 44 =$

$15 \times 444 =$

⑭ $14 \times 5 =$

$14 \times 55 =$

$14 \times 555 =$

⑮ $25 \times 2 =$

$25 \times 22 =$

$25 \times 222 =$

⑯ $18 \times 5 =$

$18 \times 55 =$

$18 \times 555 =$

⑰ $16 \times 4 =$

$16 \times 44 =$

$16 \times 444 =$

⑱ $20 \times 5 =$

$20 \times 55 =$

$20 \times 555 =$

⑲ $12 \times 6 =$

$12 \times 66 =$

$12 \times 666 =$

⑳ $52 \times 4 =$

$52 \times 44 =$

$52 \times 444 =$

㉑ $19 \times 3 =$

$19 \times 33 =$

$19 \times 333 =$

㉒ $27 \times 5 =$

$27 \times 55 =$

$27 \times 555 =$

㉓ $35 \times 6 =$

$35 \times 66 =$

$35 \times 666 =$

㉔ $28 \times 3 =$

$28 \times 33 =$

$28 \times 333 =$

05 편리한 방법으로 계산하기

● 계산이 편리하도록 순서를 정하여 곱셈을 해 보세요.

① $13 \times 20 \times 5 =$

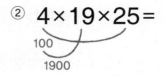

         100 ❶ 20×5=100을 먼저 계산하고

  1300 ❷ 13에 100을 곱해요.

② $4 \times 19 \times 25 =$

  100

  1900

③ $4 \times 16 \times 25 =$

④ $25 \times 55 \times 4 =$

⑤ $15 \times 33 \times 2 =$

⑥ $25 \times 13 \times 2 =$

⑦ $17 \times 5 \times 40 =$

⑧ $20 \times 16 \times 25 =$

⑨ $22 \times 150 \times 2 =$

⑩ $50 \times 133 \times 4 =$

⑪ $15 \times 250 \times 2 =$

⑫ $4 \times 132 \times 50 =$

⑬ $27 \times 25 \times 40 =$

⑭ $250 \times 19 \times 4 =$

⑮ $29 \times 125 \times 8 =$

⑯ $28 \times 4 \times 125 =$

⑰ $125 \times 43 \times 16 =$

⑱ $8 \times 55 \times 125 =$

⑲ $61 \times 80 \times 75 =$

⑳ $125 \times 63 \times 40 =$

㉑ $13 \times 75 \times 60 =$

㉒ $125 \times 43 \times 80 =$

㉓ $51 \times 125 \times 16 =$

㉔ $40 \times 59 \times 125 =$

㉕ $80 \times 63 \times 125 =$

㉖ $25 \times 73 \times 20 =$

㉗ $37 \times 125 \times 4 =$

㉘ $33 \times 8 \times 75 =$

÷5 몇십으로 나누기

곱셈으로 몫을 구하고 뺄셈으로 나머지를 구해.

● 60 ÷ 20

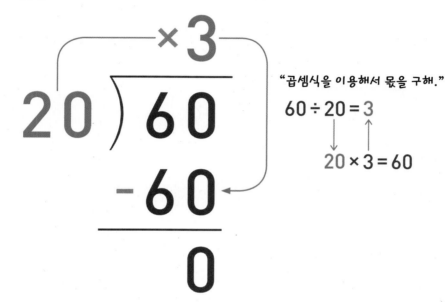

"곱셈식을 이용해서 몫을 구해."

$60 ÷ 20 = 3$

$20 × 3 = 60$

● 125 ÷ 20

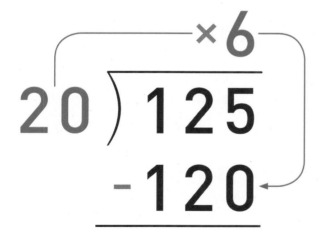

"나머지는 나누는 수보다 항상 작아야 해."

```
      ×5
20 ) 125
    -100
      25
```
"20을 한 번 더 뺄 수 있으니까 몫은 6이 돼야 해."

01 세로셈

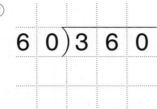 세로셈에서는 반드시 자리를 맞추어 답을 써야 해.

● 나눗셈의 몫과 나머지를 구해 보세요.

①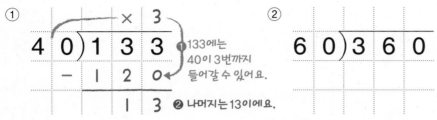

133에는 40이 3번까지 들어갈 수 있어요.

❷ 나머지는 13이에요.

② $6\ 0\,)\,3\ 6\ 0$

③ $2\ 0\,)\,1\ 2\ 9$

④ $3\ 0\,)\,1\ 8\ 0$

⑤ $8\ 0\,)\,2\ 4\ 9$

⑥ $7\ 0\,)\,2\ 8\ 0$

⑦ $4\ 0\,)\,2\ 4\ 7$

⑧ $3\ 0\,)\,3\ 8$

⑨ $6\ 0\,)\,2\ 4\ 0$

⑩ $3\ 0\,)\,2\ 1\ 0$

⑪ $6\ 0\,)\,8\ 0$

⑫ $4\ 0\,)\,1\ 4\ 0$

⑬ $3\ 0\,)\,1\ 4\ 2$

⑭ $8\ 0\,)\,3\ 4\ 2$

⑮ $5\ 0\,)\,1\ 3\ 5$

⑯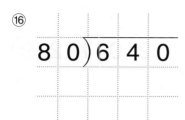
8 0) 6 4 0

⑰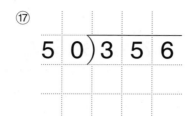
5 0) 3 5 6

⑱
5 0) 2 6 8

⑲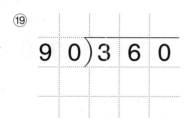
9 0) 3 6 0

⑳
5 0) 3 1 1

㉑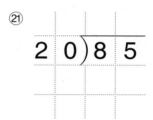
2 0) 8 5

㉒
8 0) 5 0 0

㉓
9 0) 6 3 0

㉔
8 0) 5 6 0

㉕
4 0) 1 9 0

㉖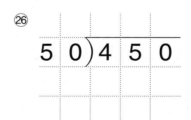
5 0) 4 5 0

㉗
3 0) 2 3 8

㉘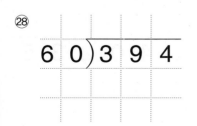
6 0) 3 9 4

㉙
5 0) 5 0

㉚
7 0) 4 0 5

㉛
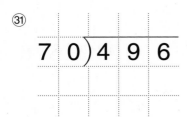

$7\,0\,)\,4\,9\,6$

㉜
$7\,0\,)\,3\,5\,0$

㉝
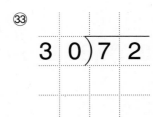

$3\,0\,)\,7\,2$

㉞
$9\,0\,)\,2\,7\,5$

㉟
$2\,0\,)\,1\,5\,5$

㊱
$7\,0\,)\,4\,3\,8$

㊲
$3\,0\,)\,7\,7$

㊳
$3\,0\,)\,1\,7\,0$

㊴
$6\,0\,)\,5\,5\,7$

㊵
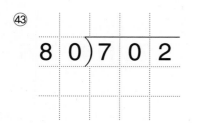

$4\,0\,)\,2\,2\,3$

㊶
$3\,0\,)\,1\,7\,9$

㊷
$7\,0\,)\,5\,1\,6$

㊸
$8\,0\,)\,7\,0\,2$

㊹
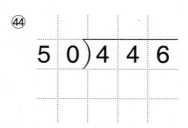

$5\,0\,)\,4\,4\,6$

㊺
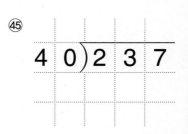

$4\,0\,)\,2\,3\,7$

02 가로셈

세로셈으로 쓰면 계산하기 쉬워.

● 세로셈으로 쓰고 나눗셈의 몫과 나머지를 구해 보세요.

① $194 \div 20 = 9 \cdots 14$
아래 모눈에 자리를 맞추어
세로셈으로 쓰고 계산해요.

② $450 \div 50 =$

③ $60 \div 30 =$

④ $346 \div 40 =$

⑤ $452 \div 70 =$

⑥ $810 \div 90 =$

⑦ $222 \div 30 =$

⑧ $640 \div 80 =$

⑨ $248 \div 60 =$

⑩ $140 \div 70 =$

⑪ $149 \div 50 =$

⑫ $379 \div 60 =$

계산 과정을 스스로 정리하며 쓰는 연습을 해요.

①
```
        × 9
2 0 ) 1 9 4
  －  1 8 0   ❶ 20×9
        1 4   ❷ 194－180
```

② ③ ④

⑤ ⑥ ⑦ ⑧

⑨ ⑩ ⑪ ⑫

⑬ 144÷60 =   ⑭ 66÷30 =   ⑮ 630÷90 =

⑯ 145÷50 =   ⑰ 109÷30 =   ⑱ 435÷50 =

⑲ 720÷90 =   ⑳ 90÷90 =   ㉑ 234÷30 =

㉒ 280÷80 =   ㉓ 400÷50 =   ㉔ 217÷40 =

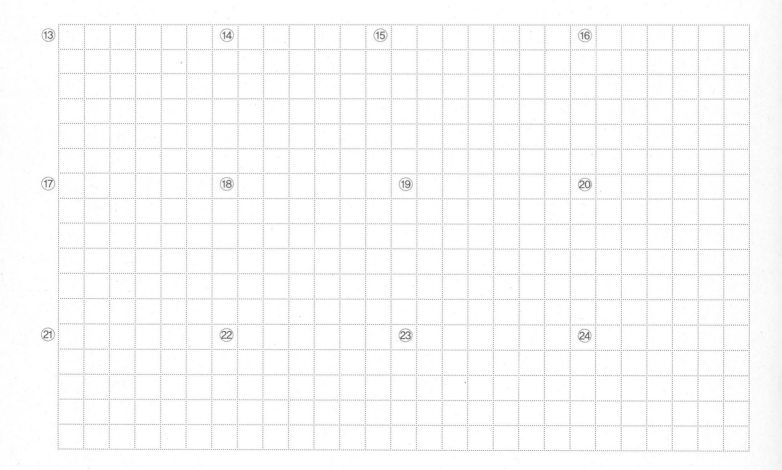

㉕ 278÷30 =

㉖ 150÷50 =

㉗ 348÷60 =

㉘ 240÷40 =

㉙ 150÷40 =

㉚ 134÷20 =

㉛ 106÷50 =

㉜ 90÷50 =

㉝ 300÷80 =

㉞ 167÷30 =

㉟ 100÷50 =

㊱ 312÷70 =

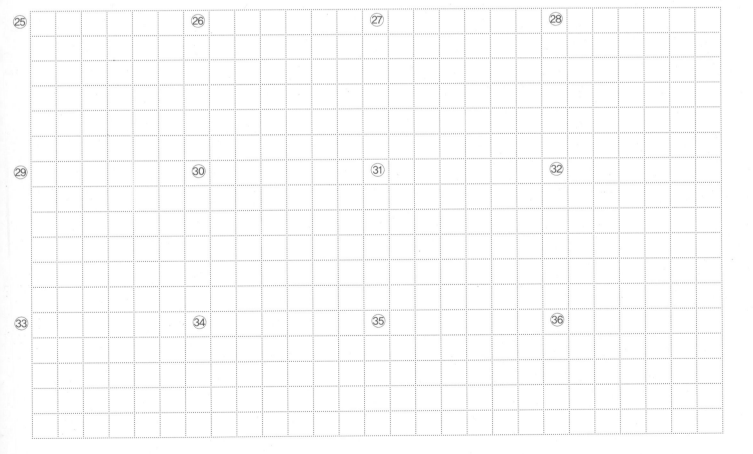

03 정해진 수로 나누기

나머지는 나누는 수보다 항상 작다는 걸 잊지 마.

● 나눗셈의 몫과 나머지를 구해 보세요.

① 20으로 나누어 보세요.

몫은 1 커지고

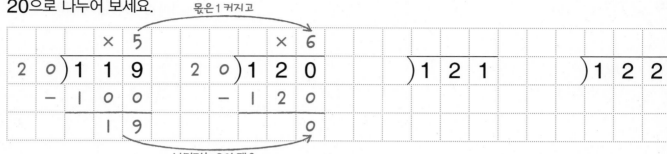

```
        × 5              × 6
 2 0 )1 1 9    2 0 )1 2 0         )1 2 1        )1 2 2
      -1 0 0         -1 2 0
        1 9               0
```

나머지는 0이 돼요.

나머지는 20보다 작아야 해요.

② 30으로 나누어 보세요.

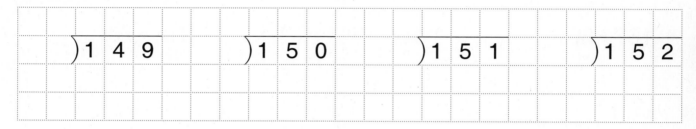

```
 )1 4 9      )1 5 0      )1 5 1      )1 5 2
```

③ 40으로 나누어 보세요.

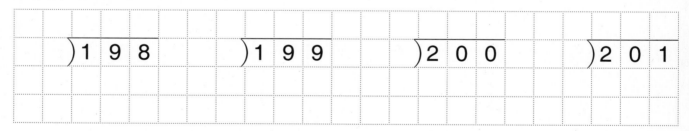

```
 )1 9 8      )1 9 9      )2 0 0      )2 0 1
```

④ 50으로 나누어 보세요.

```
 )2 9 9      )3 0 0      )3 0 1      )3 0 2
```

⑤ 60으로 나누어 보세요.

$$)\overline{4\ 7\ 8} \qquad)\overline{4\ 7\ 9} \qquad)\overline{4\ 8\ 0} \qquad)\overline{4\ 8\ 1}$$

⑥ 70으로 나누어 보세요.

$$)\overline{3\ 4\ 9} \qquad)\overline{3\ 5\ 0} \qquad)\overline{3\ 5\ 1} \qquad)\overline{3\ 5\ 2}$$

⑦ 80으로 나누어 보세요.

$$)\overline{6\ 3\ 7} \qquad)\overline{6\ 3\ 8} \qquad)\overline{6\ 3\ 9} \qquad)\overline{6\ 4\ 0}$$

⑧ 90으로 나누어 보세요.

$$)\overline{8\ 0\ 8} \qquad)\overline{8\ 0\ 9} \qquad)\overline{8\ 1\ 0} \qquad)\overline{8\ 1\ 1}$$

뒤에 있는 0을 같은 개수만큼씩 지워서 계산해도 결과는 같아.

04 0을 지우고 나누기

● 두 수에 있는 0을 같은 개수만큼씩 지워서 나눗셈을 해 보세요.

① $160 \div 20 =$ $16 \div 2 = 8$

❶ 0을 같은 개수만큼씩 지워요.   ❷ 남은 수로 나눗셈을 해요.

② $150 \div 50 =$

③ $350 \div 70 =$

④ $90 \div 30 =$

⑤ $240 \div 60 =$

⑥ $640 \div 80 =$

⑦ $80 \div 20 =$

⑧ $210 \div 30 =$

⑨ $360 \div 40 =$

⑩ $720 \div 80 =$

⑪ $600 \div 60 =$

⑫ $4200 \div 60 =$

⑬ $2700 \div 30 =$

⑭ $3600 \div 90 =$

수의 크기는 달라도 등분한 수는 같아.

8	8	$16 \div 8 = 2$
80	80	$160 \div 80 = 2$

⑮ $4000 \div 80 =$

⑯ $5000 \div 50 =$

곱셈만 계산해도 **나눗셈의 몫을 알 수 있겠지?**

05 곱셈으로 나눗셈하기

● 곱셈을 이용하여 나눗셈의 몫을 구해 보세요.

① $50 \times 7 = 350$

$350 \div 50 = 7$

나눗셈을 하지 않아도 몫을 알 수 있어요.

② $30 \times 8 =$

$240 \div 30 =$

③ $40 \times 5 =$

$200 \div 40 =$

④ $20 \times 9 =$

$180 \div 20 =$

⑤ $80 \times 4 =$

$320 \div 80 =$

⑥ $60 \times 7 =$

$420 \div 60 =$

⑦ $90 \times 5 =$

$450 \div 90 =$

⑧ $70 \times 3 =$

$210 \div 70 =$

⑨ $5 \times 60 =$

$300 \div 60 =$

⑩ $8 \times 50 =$

$400 \div 50 =$

⑪ $3 \times 50 =$

$150 \div 50 =$

⑫ $4 \times 70 =$

$280 \div 70 =$

⑬ $6 \times 80 =$

$480 \div 80 =$

⑭ $9 \times 90 =$

$810 \div 90 =$

⑮ $20 \times 7 =$

$140 \div 20 =$

⑯ $80 \times 9 =$

$720 \div 80 =$

⑰ $30 \times 4 =$

$120 \div 30 =$

⑱ $90 \times 3 =$

$270 \div 90 =$

⑲ $9 \times 60 =$

$540 \div 9 =$

⑳ $6 \times 40 =$

$240 \div 6 =$

㉑ $6 \times 20 =$

$120 \div 6 =$

㉒ $7 \times 80 =$

$560 \div 7 =$

㉓ $30 \times 80 =$

$2400 \div 30 =$

㉔ $40 \times 90 =$

$3600 \div 40 =$

㉕ $60 \times 30 =$

$1800 \div 60 =$

㉖ $90 \times 70 =$

$6300 \div 90 =$

06 검산하기

검산식을 계산해서 나누어지는 수가 나오면 정답!

● 나눗셈을 하고 검산을 해 보세요.

① $57 \div 20 =$ ___2___ … ___17___

    ↓   ↓   ↓

___20___ × ___2___ + ___17___ = ___57___
나누는 수   몫   나머지   나누어지는 수

② $62 \div 30 =$ _____ … _____

    ↓   ↓   ↓

_____ × _____ + _____ = _____
나누는 수   몫   나머지   나누어지는 수

③ $84 \div 40 =$ _____ … _____

    ↓   ↓   ↓

_____ × _____ + _____ = _____

④ $96 \div 50 =$ _____ … _____

    ↓   ↓   ↓

_____ × _____ + _____ = _____

⑤ $95 \div 30 =$ _____ … _____

    ↓   ↓   ↓

_____ × _____ + _____ = _____

⑥ $76 \div 60 =$ _____ … _____

    ↓   ↓   ↓

_____ × _____ + _____ = _____

⑦ $89 \div 30 =$ _____ … _____

    ↓   ↓   ↓

_____ × _____ + _____ = _____

⑧ $91 \div 20 =$ _____ … _____

    ↓   ↓   ↓

_____ × _____ + _____ = _____

⑨ $93 \div 40 =$ _____ … _____

    ↓   ↓   ↓

_____ × _____ + _____ = _____

⑩ $79 \div 30 =$ _____ … _____

    ↓   ↓   ↓

_____ × _____ + _____ = _____

⑪ $183 \div 20 =$ _____ ⋯ _____

⬇ ⬇ ⬇

_____ × _____ + _____ = _____

⑫ $257 \div 80 =$ _____ ⋯ _____

⬇ ⬇ ⬇

_____ × _____ + _____ = _____

⑬ $289 \div 30 =$ _____ ⋯ _____

⬇ ⬇ ⬇

_____ × _____ + _____ = _____

⑭ $356 \div 50 =$ _____ ⋯ _____

⬇ ⬇ ⬇

_____ × _____ + _____ = _____

⑮ $143 \div 60 =$ _____ ⋯ _____

⬇ ⬇ ⬇

_____ × _____ + _____ = _____

⑯ $489 \div 70 =$ _____ ⋯ _____

⬇ ⬇ ⬇

_____ × _____ + _____ = _____

⑰ $563 \div 80 =$ _____ ⋯ _____

⬇ ⬇ ⬇

_____ × _____ + _____ = _____

⑱ $375 \div 60 =$ _____ ⋯ _____

⬇ ⬇ ⬇

_____ × _____ + _____ = _____

⑲ $482 \div 50 =$ _____ ⋯ _____

⬇ ⬇ ⬇

_____ × _____ + _____ = _____

⑳ $421 \div 90 =$ _____ ⋯ _____

⬇ ⬇ ⬇

_____ × _____ + _____ = _____

나눗셈을 이용하면 '초'를 '분'으로, '분'을 '시간'으로 바꿀 수 있어.

07 시간 구하기

● 1분＝60초입니다. 몇 분 몇 초인지 구해 보세요.

① **62초** ➡ **1분 2초**
1분＝60초임을 이용해서
나눗셈을 해요. →62÷60＝1…2

② **70초** ➡

③ **90초** ➡

④ **105초** ➡

⑤ **110초** ➡

⑥ **120초** ➡

⑦ **145초** ➡

⑧ **150초** ➡

⑨ **180초** ➡

⑩ **240초** ➡

⑪ **286초** ➡

⑫ **300초** ➡

● 1시간＝60분입니다. 몇 시간 몇 분인지 구해 보세요.

① **65분** ➡ **1시간 5분**
1시간＝60분임을 이용해서
나눗셈을 해요. →65÷60＝1…5

② **85분** ➡

③ **90분** ➡

④ **100분** ➡

⑤ **120분** ➡

⑥ **155분** ➡

⑦ **180분** ➡

⑧ **200분** ➡

⑨ **234분** ➡

⑩ **250분** ➡

⑪ **300분** ➡

⑫ **318분** ➡

'='는 '='의 왼쪽과 오른쪽이 같음을 나타내는 기호야.

08 등식 완성하기

● '='의 양쪽이 같게 되도록 □ 안에 알맞은 수를 써 보세요.

① $120 \div 60 = 60 \div \boxed{30}$

❶ 2

❷ 2가 되려면 30으로 나눠야 해요.

② $420 \div 60 = 140 \div \boxed{}$

③ $360 \div 60 = 60 \div \boxed{}$

④ $480 \div 40 = 240 \div \boxed{}$

⑤ $80 \div 80 = 40 \div \boxed{}$

⑥ $180 \div 90 = 20 \div \boxed{}$

⑦ $810 \div \boxed{} = 90 \div 10$

⑧ $80 \div \boxed{} = 280 \div 70$

⑨ $270 \div \boxed{} = 30 \div 10$

⑩ $240 \div \boxed{} = 120 \div 20$

⑪ $640 \div \boxed{} = 320 \div 40$

⑫ $560 \div \boxed{} = 720 \div 90$

등식은 =의 양쪽 값이 같은 식이야.

$240 \div 40 = \quad 3+3$

$240 \div 40 = \quad 2 \times 3$

$240 \div 40 = \quad 12 \div 2$

⑬ $\boxed{} \div 80 = 200 \div 40$

⑭ $\boxed{} \div 80 = 180 \div 20$

검산식을 이용하면 찢어진 부분의 수를 알 수 있어.

09 찢어진 수 구하기

● 찢어진 부분에 쓰여 있던 수를 구해 보세요.

① $\square \div 30 = 4$　　＝120

　　$\square \div 30 = 4$
　→ (검산) $\square = 30 \times 4 = 120$

② $\square \div 20 = 5$　　＝

③ $\square \div 40 = 6$　　＝

④ $\square \div 50 = 5$　　＝

⑤ $\square \div 70 = 4$　　＝

⑥ $\square \div 80 = 7$　　＝

⑦ $\square \div 30 = 7 \cdots 28$　　＝

⑧ $\square \div 80 = 6 \cdots 69$　　＝

⑨ $\square \div 70 = 7 \cdots 6$　　＝

⑩ $\square \div 90 = 8 \cdots 82$　　＝

⑪ $167 \div \square = 5 \cdots 17$　　　＝

　　$167 \div \square = 5 \cdots 17$
　→ (검산) $\square \times 5 + 17 = 167$

⑫ $268 \div \square = 5 \cdots 18$　　＝

⑬ $394 \div \square = 6 \cdots 34$　　　＝

⑭ $405 \div \square = 5 \cdots 55$　　＝

÷6 (두 자리 수)÷(두 자리 수)

곱셈으로 몫을 구하고 뺄셈으로 나머지를 구해.

● 63 ÷ 21

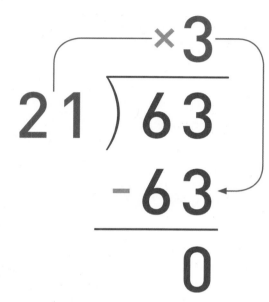

"곱셈식을 이용해서 몫을 구해."

63 ÷ 21 = 3

21 × 3 = 63

● 86 ÷ 21

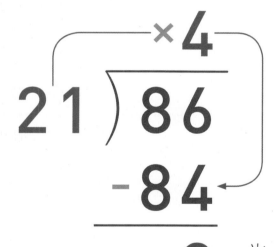

"나머지는 나누는 수보다 항상 작아야 해."

```
      ×3
21 ) 86
   -63
    23
```
"21을 한 번 더 뺄 수 있으니까
몫은 4가 돼야 해."

어림한 나눗셈으로 오른쪽 나눗셈의 몫을 예상해 봐.

01 몫을 예상하는 방법 알기

● 왼쪽 식으로 몫을 어림하여 오른쪽 식을 계산해 보세요.

①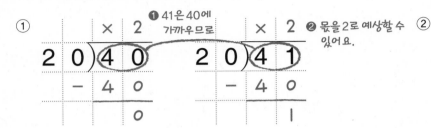

②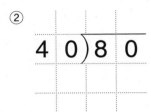

③
$$10 \overline{)70} \qquad 10 \overline{)73}$$

④
$$10 \overline{)50} \qquad 10 \overline{)49}$$

⑤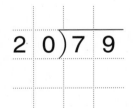

⑥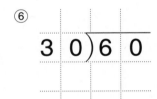

⑦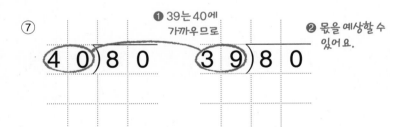

⑧
$$30 \overline{)60} \qquad 29 \overline{)60}$$

⑨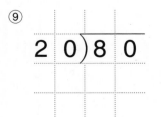

⑩
$$10 \overline{)80} \qquad 11 \overline{)80}$$

02 세로셈

세로셈에서는 반드시 **자리를 맞추어** 답을 써야 해.

● 나눗셈의 몫과 나머지를 구해 보세요.

①

$$21)\overline{63}$$

×3

1 63에는 21이 3번까지 들어갈 수 있어요.
－ 63
0 2 나머지는 0이에요.

②

$$19)\overline{78}$$

③

$$14)\overline{57}$$

④

$$12)\overline{88}$$

⑤

$$13)\overline{26}$$

⑥

$$16)\overline{92}$$

⑦

$$15)\overline{90}$$

⑧

$$18)\overline{87}$$

⑨

$$24)\overline{96}$$

⑩

$$17)\overline{42}$$

⑪

$$21)\overline{84}$$

⑫

$$11)\overline{99}$$

⑬

$$19)\overline{94}$$

⑭

$$35)\overline{70}$$

⑮

$$18)\overline{70}$$

⑯ 14)70

⑰ 18)90

⑱ 33)84

⑲ 23)98

⑳ 32)85

㉑ 25)50

㉒ 27)91

㉓ 22)94

㉔ 26)87

㉕ 25)96

㉖ 28)73

㉗ 14)84

㉘ 26)79

㉙ 33)80

㉚ 34)93

③ 2 4)9 9

③ 2 9)5 6

③ 3 7)9 4

③ 3 5)9 3

③ 3 1)5 9

③ 4 1)9 7

③ 2 1)8 1

③ 3 6)8 5

③ 3 2)6 9

④ 3 7)5 9

④ 2 8)9 5

④ 2 6)9 2

④ 4 3)7 9

④ 6 7)7 6

④ 5 1)9 1

03 가로셈

세로셈으로 쓰면 계산하기 쉬워.

● 세로셈으로 쓰고 나눗셈의 몫과 나머지를 구해 보세요.

① $35 \div 11 = 3 \cdots 2$
아래 모눈에 자리를 맞추어
세로셈으로 쓰고 계산해요.

② $37 \div 13 =$

③ $58 \div 12 =$

④ $70 \div 15 =$

⑤ $75 \div 15 =$

⑥ $78 \div 22 =$

⑦ $81 \div 24 =$

⑧ $35 \div 14 =$

⑨ $90 \div 25 =$

⑩ $75 \div 16 =$

⑪ $56 \div 17 =$

⑫ $74 \div 21 =$

→ 계산 과정을 스스로 정리하며 쓰는 연습을 해요.

①
$$11 \overline{)35} \quad \times 3$$
$$-33 \quad \text{❶} 11 \times 3$$
$$2 \quad \text{❷} 35 - 33$$

② ③ ④

⑤ ⑥ ⑦ ⑧

⑨ ⑩ ⑪ ⑫

⑬ 89÷25=

⑭ 45÷15=

⑮ 64÷17=

⑯ 95÷23=

⑰ 64÷24=

⑱ 55÷19=

⑲ 90÷23=

⑳ 72÷12=

㉑ 81÷21=

㉒ 65÷26=

㉓ 78÷39=

㉔ 46÷31=

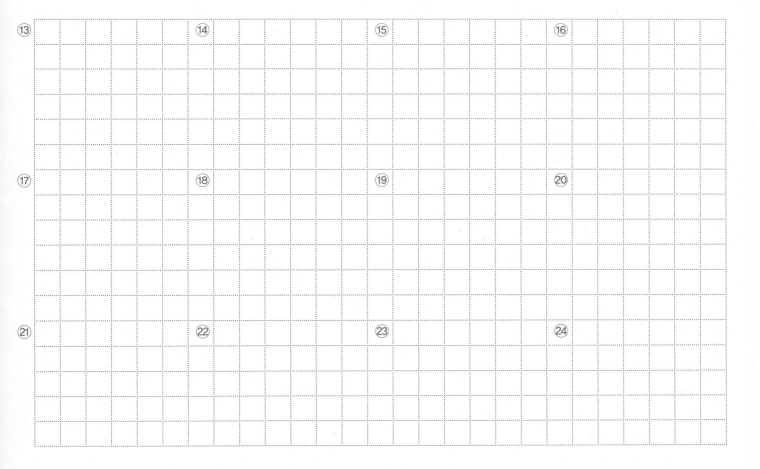

㉕ 92÷18=

㉖ 75÷28=

㉗ 81÷18=

㉘ 60÷15=

㉙ 96÷28=

㉚ 68÷19=

㉛ 86÷39=

㉜ 42÷13=

㉝ 90÷45=

㉞ 97÷47=

㉟ 72÷63=

㊱ 99÷38=

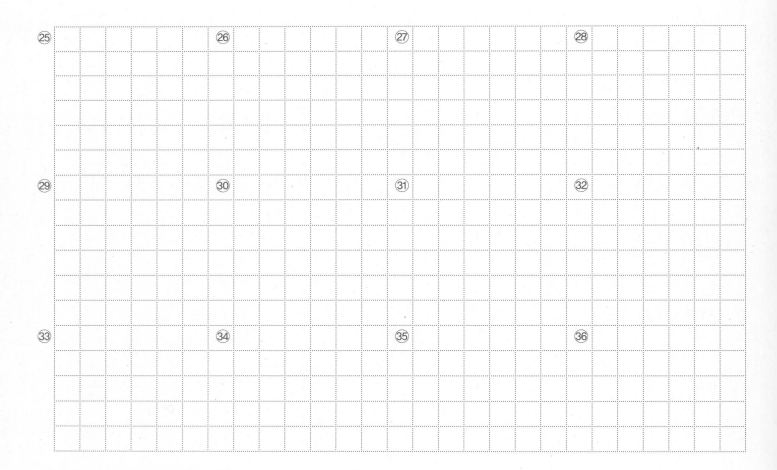

몫과 나머지가 어떻게 달라지는지 살펴봐.

04 정해진 수로 나누기

● 나눗셈의 몫과 나머지를 구해 보세요.

① 12로 나누어 보세요.

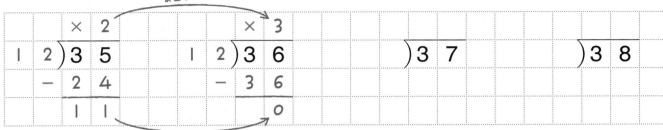

몫은 1 커지고

```
      × 2              × 3
 1 2 ) 3 5      1 2 ) 3 6      ) 3 7      ) 3 8
   -  2 4          - 3 6
      1 1              0
```

나머지는 0이 돼요.

나머지는 12보다 작아야 해요.

② 15로 나누어 보세요.

```
 ) 4 4      ) 4 5      ) 4 6      ) 4 7
```

③ 17로 나누어 보세요.

```
 ) 6 7      ) 6 8      ) 6 9      ) 7 0
```

④ 21로 나누어 보세요.

```
 ) 8 2      ) 8 3      ) 8 4      ) 8 5
```

109

몫과 나머지가 어떻게 달라지는지 살펴봐.

⑤ 23으로 나누어 보세요.

$$\overline{)4\ 4}\qquad\overline{)4\ 5}\qquad\overline{)4\ 6}\qquad\overline{)4\ 7}$$

⑥ 27로 나누어 보세요.

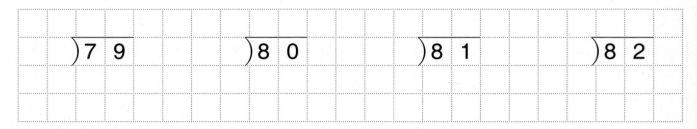

$$\overline{)7\ 9}\qquad\overline{)8\ 0}\qquad\overline{)8\ 1}\qquad\overline{)8\ 2}$$

⑦ 32로 나누어 보세요.

$$\overline{)9\ 3}\qquad\overline{)9\ 4}\qquad\overline{)9\ 5}\qquad\overline{)9\ 6}$$

⑧ 33으로 나누어 보세요.

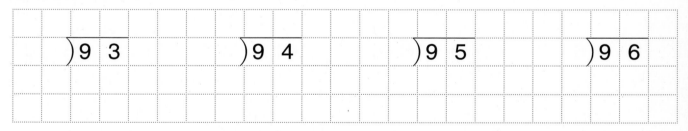

$$\overline{)9\ 6}\qquad\overline{)9\ 7}\qquad\overline{)9\ 8}\qquad\overline{)9\ 9}$$

05 검산하기 검산식을 계산해서 나누어지는 수가 나오면 정답!

● 나눗셈을 하고 검산을 해 보세요.

①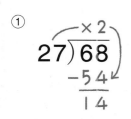

검산 ___27 × 2 + 14 = 68___
           ↑   ↑ ↑   ↑
    나누는 수 몫 나머지 나누어지는 수

② $33\overline{)76}$

검산 _____

③ $37\overline{)63}$

검산 _____

④ $41\overline{)82}$

검산 _____

⑤ $51\overline{)86}$

검산 _____

⑥ $18\overline{)83}$

검산 _____

⑦ $39\overline{)96}$

검산 _____

⑧ $42\overline{)92}$

검산 _____

⑨

$35\overline{)70}$

검산 _____

⑩

$34\overline{)62}$

검산 _____

⑪

$29\overline{)75}$

검산 _____

⑫

$43\overline{)96}$

검산 _____

⑬

$32\overline{)76}$

검산 _____

⑭

$22\overline{)71}$

검산 _____

⑮

$15\overline{)62}$

검산 _____

⑯

$21\overline{)90}$

검산 _____

나눗셈의 몫만 계산해도 곱을 알 수 있어.

06 나눗셈으로 곱셈하기

● 나눗셈을 이용하여 곱을 구해 보세요.

① $36 \div 12 = 3$

$12 \times 3 = 36$

곱셈을 하지 않아도 알 수 있어요.

② $72 \div 12 =$

$12 \times 6 =$

③ $78 \div 39 =$

$39 \times 2 =$

④ $96 \div 16 =$

$16 \times 6 =$

⑤ $77 \div 11 =$

$11 \times 7 =$

⑥ $75 \div 25 =$

$25 \times 3 =$

⑦ $94 \div 47 =$

$47 \times 2 =$

⑧ $56 \div 56 =$

$56 \times 1 =$

⑨ $80 \div 16 =$

$16 \times 5 =$

⑩ $45 \div 15 =$

$15 \times 3 =$

÷15

45 나누는 수를 다시 곱하면 처음 수가 된다. 3

×15

⑪ 76÷38=

  2×38=

⑫ 78÷26=

  3×26=

⑬ 98÷14=

  7×14=

⑭ 69÷23=

  3×23=

⑮ 84÷21=

  4×21=

⑯ 84÷14=

  6×14=

⑰ 96÷12=

  8×12=

⑱ 48÷12=

  4×12=

⑲ 81÷27=

  3×27=

⑳ 85÷17=

  5×17=

㉑ 72÷18=

  4×18=

㉒ 99÷11=

  9×11=

나누는 수에 **단위가 있으면 몫의 뜻이 달라져.**

07 단위가 있는 나눗셈

● 나눗셈을 하여 몫을 알맞게 써 보세요.

96 m를 24로 똑같이 나누면 4 m씩이에요.

① 96 m÷24 = 4 m

96 m÷24 m = 4

96 m를 24 m씩 나누면 4(개)가 돼요.

② 63 m÷21 =

63 m÷21 m =

③ 76 m÷19 =

76 m÷19 m =

④ 55 m÷11 =

55 m÷11 m =

⑤ 93 m÷31 =

93 m÷31 m =

⑥ 68 m÷17 =

68 m÷17 m =

⑦ 84 m÷21 =

84 m÷21 m =

⑧ 75 m÷15 =

75 m÷15 m =

⑨ 98 m÷49 =

98 m÷49 m =

⑩ 70 m÷14 =

70 m÷14 m =

⑪ 72 m÷18 =

72 m÷18 m =

⑫ 95 m÷19 =

95 m÷19 m =

나누는 수에 단위가 있으면 몫의 뜻이 달라져.

75 g을 25로 똑같이 나누면 몇 g일까요?

⑬ $75\ g \div 25 =$

$75\ g \div 25\ g =$

75 g을 25 g씩 나누면 몇 개일까요?

⑭ $72\ g \div 12 =$

$72\ g \div 12\ g =$

⑮ $80\ g \div 16 =$

$80\ g \div 16\ g =$

⑯ $84\ g \div 28 =$

$84\ g \div 28\ g =$

⑰ $48\ g \div 16 =$

$48\ g \div 16\ g =$

⑱ $78\ g \div 26 =$

$78\ g \div 26\ g =$

⑲ $78\ g \div 13 =$

$78\ g \div 13\ g =$

⑳ $88\ g \div 22 =$

$88\ g \div 22\ g =$

㉑ $87\ g \div 29 =$

$87\ g \div 29\ g =$

㉒ $90\ g \div 18 =$

$90\ g \div 18\ g =$

㉓ $92\ g \div 23 =$

$92\ g \div 23\ g =$

㉔ $81\ g \div 27 =$

$81\ g \div 27\ g =$

몫을 어림해 보기만 해도 찾을 수 있어.

08 나누어떨어지는 수 찾기

● ◯ 안의 수로 나누어떨어지는 수에 모두 ◯표 하세요.

① 12: (24) 35 (60) 82 90

- 24: 12가 2번 들어가요.
- 35: 12가 2번 들어가고 나머지가 생겨요.
- 60: 12가 5번 들어가요.
- 82: 12가 6번 들어가고 나머지가 생겨요.
- 90: 12가 7번 들어가고 나머지가 생겨요.

② 14: 26 28 50 70 95

③ 15: 30 47 60 75 84

④ 24: 13 24 50 72 90

⑤ 28: 39 56 60 71 84

⑥ 31: 40 62 75 80 93

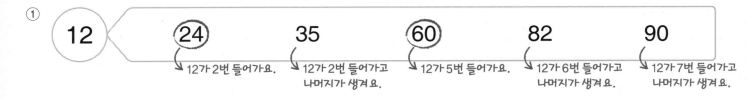

⑦ 17 | 41   51   64   85   91

⑧ 18 | 54   68   72   90   94

⑨ 19 | 33   45   57   72   95

⑩ 23 | 46   51   69   80   88

⑪ 26 | 50   52   58   63   78

⑫ 35 | 36   40   55   70   90

09 알파벳으로 나눗셈하기

알파벳이 수를 나타낸다는 것을 잊지 마.

● 알파벳을 아래와 같이 약속할 때 나눗셈을 하여 몫과 나머지를 구해 보세요.

A=75	B=56	C=89	D=17	E=24
F=48	G=97	H=16	I=80	J=36
K=15	L=63	M=92	N=55	O=81

① $\underset{75}{A} \div \underset{56}{B} = 75 \div 56 = 1 \cdots 19$

② $\underset{56}{B} \div \underset{24}{E} =$

③ C÷D=

④ F÷D=

⑤ G÷K=

⑥ I÷H=

⑦ L÷H=

⑧ J÷K=

⑨ M÷N=

⑩ L÷K=

⑪ O÷E=

⑫ O÷D=

7 몫이 한 자리 수인 (세 자리 수) ÷ (두 자리 수)

수를 어림해서 몫을 예상해 봐.

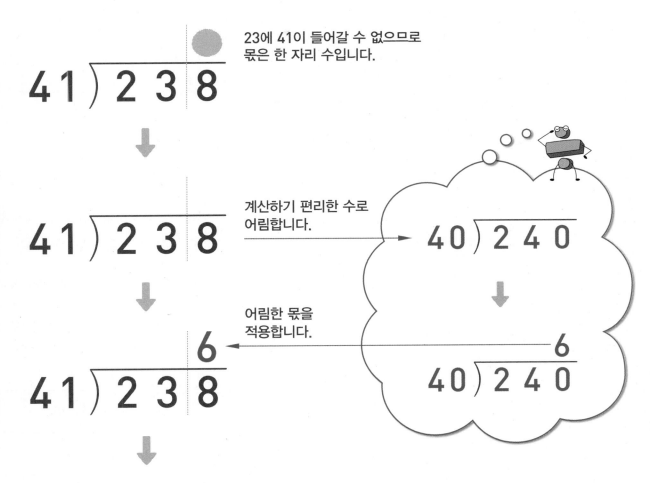

● 23에 41이 들어갈 수 없으므로
몫은 한 자리 수입니다.

$41\overline{)238}$

계산하기 편리한 수로
어림합니다.

$40\overline{)240}$

어림한 몫을
적용합니다.

$40\overline{)240}\,6$

몫을 6으로 예상합니다.

 실제 문제를 풀 때에는 이렇게 해.

$$
\begin{array}{r}
5 \\
6 \\
41\overline{)238} \\
-246 \\
\hline
205 \\
33
\end{array}
$$

"선으로 지워가며
정확한 몫을 찾아 계산해 봐."

어림한 나눗셈으로 오른쪽 나눗셈의 몫을 예상해 봐.

01 몫을 예상하는 방법 알기

● 왼쪽 식으로 몫을 어림하여 오른쪽 식을 계산해 보세요.

①
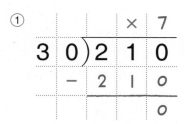

나누는 수가 커졌으므로 210÷34의
몫을 7보다 작게 예상해요.

② 40)240   43)240

③ 50)350   52)350   ④ 60)480   62)480

⑤ 70)420   71)420   ⑥ 60)360   61)360

⑦ 40)320   45)320   ⑧ 50)400   53)400

⑨ 80)560   83)560   ⑩ 90)810   95)810

02 세로셈

세로셈에서는 반드시 자리를 맞추어 답을 써야 해.

● 나눗셈의 몫과 나머지를 구해 보세요.

①

$$
\begin{array}{r}
\times\ 4 \\
2\ 5\ )\ 1\ 1\ 3 \\
-\ 1\ 0\ 0 \\
\hline
1\ 3
\end{array}
$$

❶ 113에는 25가 4번까지 들어갈 수 있어요.
❷ 나머지는 13이에요.

② 2 6) 1 0 4

③ 4 1) 2 0 7

④ 8 4) 2 5 5

⑤ 3 7) 2 6 2

⑥ 2 1) 1 7 9

⑦ 2 7) 1 5 6

⑧ 2 3) 1 2 7

⑨ 2 9) 1 9 5

⑩ 5 1) 4 2 8

⑪ 3 5) 3 3 9

⑫ 4 8) 3 3 1

⑬ 7 2) 4 2 3

⑭ 2 4) 1 1 9

⑮ 4 2) 3 1 3

⑯ 23)199

⑰ 43)302

⑱ 45)390

⑲ 85)700

⑳ 29)135

㉑ 24)186

㉒ 52)341

㉓ 38)244

㉔ 36)231

㉕ 46)153

㉖ 54)382

㉗ 55)398

㉘ 32)240

㉙ 37)201

㉚ 53)400

③ 6 7) 5 5 9

㉜ 3 9) 2 5 2

㉝ 2 9) 2 4 9

㉞ 4 8) 4 6 0

㉟ 3 5) 2 0 3

㊱ 3 7) 2 6 0

㊲ 2 8) 1 5 0

㊳ 9 4) 7 6 3

㊴ 3 2) 1 4 9

㊵ 2 7) 1 2 5

㊶ 3 5) 2 2 2

㊷ 6 1) 5 4 4

㊸ 7 2) 4 8 0

㊹ 5 2) 4 1 5

㊺ 6 8) 6 0 0

03 가로셈

세로셈으로 쓰면 계산하기 쉬워.

● 세로셈으로 쓰고 나눗셈의 몫과 나머지를 구해 보세요.

① $211 \div 35 = 6 \cdots 1$

아래 모눈에 자리를 맞추어
세로셈으로 쓰고 계산해요.

② $147 \div 41 =$

③ $223 \div 51 =$

④ $174 \div 63 =$

⑤ $455 \div 76 =$

⑥ $153 \div 66 =$

⑦ $171 \div 36 =$

⑧ $236 \div 43 =$

⑨ $291 \div 46 =$

⑩ $161 \div 48 =$

⑪ $440 \div 55 =$

⑫ $248 \div 54 =$

• 계산 과정을 스스로 정리하며 쓰는 연습을 해요.

①
```
          × 6
  3 5 ) 2 1 1
      - 2 1 0    ❶ 35×6
            1    ❷ 211-210
```

② ③ ④

⑤ ⑥ ⑦ ⑧

⑨ ⑩ ⑪ ⑫

⑬ $128 \div 14 =$ ⑭ $200 \div 49 =$ ⑮ $282 \div 53 =$

⑯ $225 \div 45 =$ ⑰ $139 \div 64 =$ ⑱ $129 \div 48 =$

⑲ $523 \div 68 =$ ⑳ $300 \div 72 =$ ㉑ $670 \div 83 =$

㉒ $272 \div 51 =$ ㉓ $500 \div 74 =$ ㉔ $321 \div 42 =$

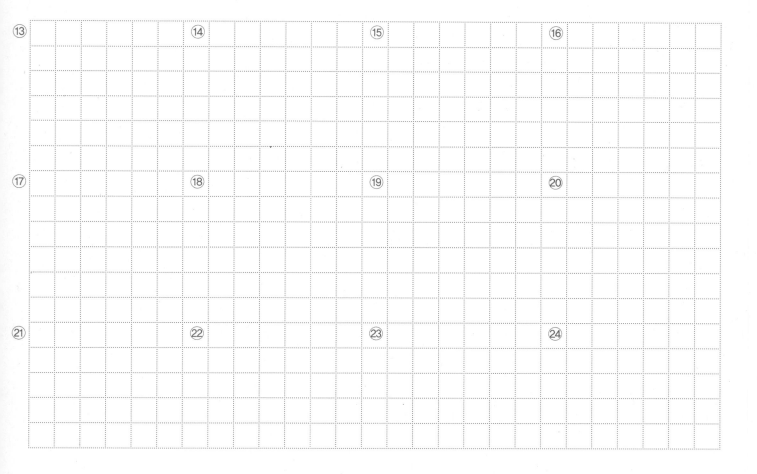

㉕ 198÷37 =

㉖ 442÷46 =

㉗ 334÷53 =

㉘ 255÷49 =

㉙ 515÷65 =

㉚ 347÷48 =

㉛ 308÷47 =

㉜ 416÷56 =

㉝ 303÷44 =

㉞ 407÷52 =

㉟ 331÷43 =

㊱ 185÷86 =

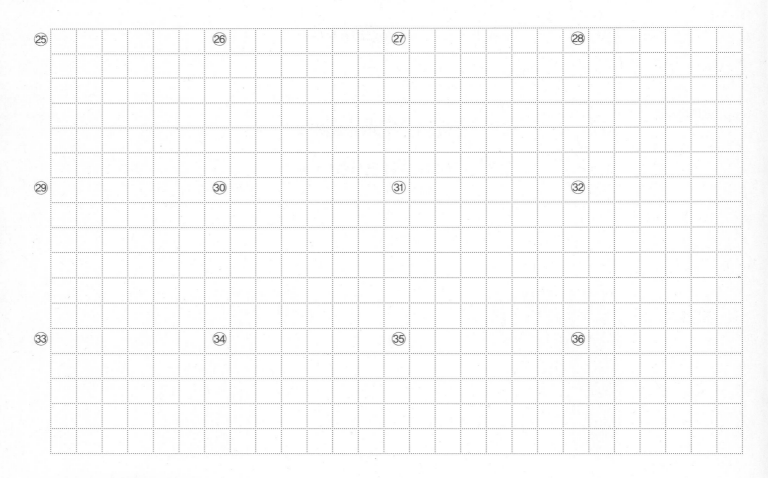

㉕   ㉖   ㉗   ㉘

㉙   ㉚   ㉛   ㉜

㉝   ㉞   ㉟   ㊱

04 정해진 수로 나누기

몫과 나머지가 어떻게 달라지는지 살펴봐.

● 나눗셈의 몫과 나머지를 구해 보세요.

① 25로 나누어 보세요.

몫은 1만큼 커지고

	× 4		× 5		
2 5)1 2 4	2 5)1 2 5	)1 2 6	)1 2 7
− 1 0 0	− 1 2 5		
2 4	0		

나머지는 0이 돼요.

나머지는 25보다 작아야 해요.

② 33으로 나누어 보세요.

)1 9 6	)1 9 7	)1 9 8	)1 9 9

③ 46으로 나누어 보세요.

)2 2 9	)2 3 0	)2 3 1	)2 3 2

④ 53으로 나누어 보세요.

)3 6 9	)3 7 0	)3 7 1	)3 7 2

⑤ **48**로 나누어 보세요.

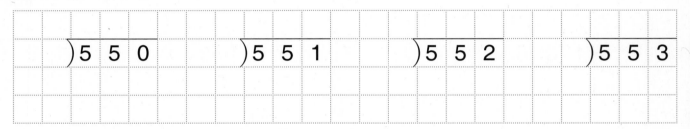

)2 8 7   )2 8 8   )2 8 9   )2 9 0

⑥ **69**로 나누어 보세요.

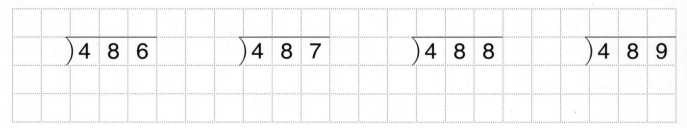

)5 5 0   )5 5 1   )5 5 2   )5 5 3

⑦ **81**로 나누어 보세요.

)4 8 6   )4 8 7   )4 8 8   )4 8 9

⑧ **64**로 나누어 보세요.

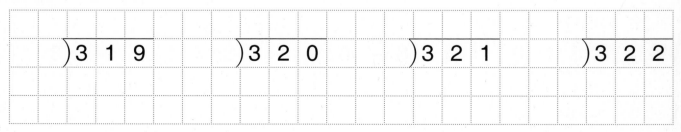

)3 1 9   )3 2 0   )3 2 1   )3 2 2

05 검산하기

검산식을 계산해서 나누어지는 수가 나오면 정답!

● 나눗셈을 하고 검산을 해 보세요.

①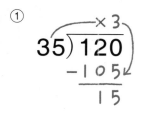

$$35)\overline{120}$$

검산 ___ $35 × 3 + 15 = 120$ ___

↑ ↑ ↑ ↑
나누는 수 몫 나머지 나누어지는 수

② $34)\overline{209}$

검산 _____

③ $57)\overline{289}$

검산 _____

④ $69)\overline{210}$

검산 _____

⑤ $36)\overline{194}$

검산 _____

⑥ $55)\overline{252}$

검산 _____

⑦ $26)\overline{100}$

검산 _____

⑧ $69)\overline{400}$

검산 _____

⑨

$34 \overline{)278}$

검산 _____

⑩

$49 \overline{)443}$

검산 _____

⑪

$45 \overline{)257}$

검산 _____

⑫

$47 \overline{)332}$

검산 _____

⑬

$65 \overline{)415}$

검산 _____

⑭

$51 \overline{)432}$

검산 _____

⑮

$74 \overline{)320}$

검산 _____

⑯

$63 \overline{)519}$

검산 _____

나누는 수에 **단위가 있으면 몫의 뜻이 달라져.**

06 단위가 있는 나눗셈

● 나눗셈을 하여 몫을 알맞게 써 보세요.

108 m를 12로 똑같이 나누면 9 m씩이에요.

① 108 m ÷ 12 = 9 m

108 m ÷ 12 m = 9

108 m를 12 m씩 나누면 9(개)가 돼요.

② 198 m ÷ 33 =

198 m ÷ 33 m =

③ 112 m ÷ 14 =

112 m ÷ 14 m =

④ 240 m ÷ 48 =

240 m ÷ 48 m =

⑤ 216 m ÷ 36 =

216 m ÷ 36 m =

⑥ 470 m ÷ 94 =

470 m ÷ 94 m =

⑦ 175 m ÷ 25 =

175 m ÷ 25 m =

⑧ 162 m ÷ 18 =

162 m ÷ 18 m =

⑨ 238 m ÷ 34 =

238 m ÷ 34 m =

⑩ 336 m ÷ 42 =

336 m ÷ 42 m =

나누기는 두 가지로 생각할 수 있다.

❶ **8 m를 둘로 나눈** 하나의 길이

8 m ÷ 2 = 4 m

❷ **8 m를 2 m씩 덜어 낸** 횟수

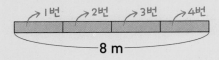

8 m ÷ 2 m = 4

⑪ 104 g을 13으로 똑같이 나누면 몇 g일까요?
104 g ÷ 13 =

104 g ÷ 13 g =
104 g을 13 g씩 똑같이 나누면 몇 개일까요?

⑫ 126 g ÷ 21 =

126 g ÷ 21 g =

⑬ 312 g ÷ 39 =

312 g ÷ 39 g =

⑭ 469 g ÷ 67 =

469 g ÷ 67 g =

⑮ 423 g ÷ 47 =

423 g ÷ 47 g =

⑯ 304 g ÷ 76 =

304 g ÷ 76 g =

⑰ 245 g ÷ 35 =

245 g ÷ 35 g =

⑱ 261 g ÷ 29 =

261 g ÷ 29 g =

⑲ 340 g ÷ 68 =

340 g ÷ 68 g =

⑳ 198 g ÷ 33 =

198 g ÷ 33 g =

㉑ 224 g ÷ 56 =

224 g ÷ 56 g =

㉒ 235 g ÷ 47 =

235 g ÷ 47 g =

곱셈과 나눗셈의 관계를 생각해 봐.

07 세 수로 네 가지 식 만들기

● 나눗셈을 이용하여 곱을 구해 보세요.

① $205 \div 41 = 5$

$205 \div 5 = 41$

$41 \times 5 = 205$

$5 \times 41 = 205$

세 수로 2개의 나눗셈식과
2개의 곱셈식을 만들 수 있어요.

② $130 \div 26 =$

$130 \div 5 =$

$26 \times 5 =$

$5 \times 26 =$

③ $288 \div 36 =$

$288 \div 8 =$

$36 \times 8 =$

$8 \times 36 =$

④ $232 \div 58 =$

$232 \div 4 =$

$58 \times 4 =$

$4 \times 58 =$

⑤ $200 \div 25 =$

$200 \div 8 =$

$25 \times 8 =$

$8 \times 25 =$

⑥ $225 \div 45 =$

$225 \div 5 =$

$45 \times 5 =$

$5 \times 45 =$

⑦ $248 \div 31 =$

$248 \div 8 =$

$31 \times 8 =$

$8 \times 31 =$

⑧ $228 \div 38 =$

$228 \div 6 =$

$38 \times 6 =$

$6 \times 38 =$

⑨ $392 \div 56 =$

$392 \div 7 =$

$56 \times 7 =$

$7 \times 56 =$

⑩ $138 \div 23 =$

$138 \div 6 =$

$23 \times 6 =$

$6 \times 23 =$

⑪ $144 \div 16 =$

$144 \div 9 =$

$16 \times 9 =$

$9 \times 16 =$

⑫ $584 \div 73 =$

$584 \div 8 =$

$73 \times 8 =$

$8 \times 73 =$

⑬ $333 \div 37 =$

$333 \div 9 =$

$37 \times 9 =$

$9 \times 37 =$

⑭ $288 \div 48 =$

$288 \div 6 =$

$48 \times 6 =$

$6 \times 48 =$

⑮ $441 \div 63 =$

$441 \div 7 =$

$63 \times 7 =$

$7 \times 63 =$

⑯ $156 \div 39 =$

$156 \div 4 =$

$39 \times 4 =$

$4 \times 39 =$

⑰ $396 \div 44 =$

$396 \div 9 =$

$44 \times 9 =$

$9 \times 44 =$

⑱ $168 \div 24 =$

$168 \div 7 =$

$24 \times 7 =$

$7 \times 24 =$

08 어림하여 몫을 예상하기

계산하기 쉬운 수로 어림해서 몫이 몇쯤 되는지 생각해 봐.

● 몫이 ◯ 안의 수보다 큰 나눗셈에 ◯표 하세요.

① 4

120÷41

100÷18

280÷73

120÷40=3이므로
120÷41의 몫은 4보다 작다고
어림할 수 있어요.

100÷20=5이므로
100÷18의 몫은 4보다 크다고
어림할 수 있어요.

280÷70=4이므로
280÷73의 몫은 4보다 작다고
어림할 수 있어요.

② 3

120÷19   210÷72   270÷95

③ 5

250÷52   150÷33   270÷29

④ 6

120÷15   240÷41   360÷65

⑤ 4

160÷43   140÷18   200÷55

⑥ 7

180÷19   490÷75   560÷81

⑦ 8

320÷44   720÷95   450÷48

검산식을 이용하면 찢어진 부분의 수를 쉽게 알 수 있어.

09 찢어진 수 구하기

● 찢어진 부분에 쓰여 있던 수를 구해 보세요.

① ⬜ ÷ 17 = 6　　⬜ = 102

　　□ ÷ 17 = 6
　→ (검산) □ = 17 × 6 = 102

② ⬜ ÷ 19 = 8　　⬜ =

③ ⬜ ÷ 36 = 6　　⬜ =

④ ⬜ ÷ 45 = 4　　⬜ =

⑤ ⬜ ÷ 62 = 7　　⬜ =

⑥ ⬜ ÷ 77 = 8　　⬜ =

⑦ 424 ÷ ⬜ = 8　　⬜ =

⑧ 186 ÷ ⬜ = 3　　⬜ =

⑨ 450 ÷ ⬜ = 6　　⬜ =

⑩ 675 ÷ ⬜ = 9　　⬜ =

⑪ 335 ÷ ⬜ = 5　　⬜ =

⑫ 288 ÷ ⬜ = 4　　⬜ =

⑬ $\square \div 41 = 7 \cdots 18$ □ =

$\square \div 41 = 7 \cdots 18$
→ (검산) $\square = 41 \times 7 + 18 = 305$

⑭ $\square \div 58 = 6 \cdots 49$ □ =

⑮ $\square \div 71 = 8 \cdots 9$ □ =

⑯ $\square \div 53 = 8 \cdots 43$ □ =

⑰ $\square \div 37 = 6 \cdots 12$ □ =

⑱ $\square \div 81 = 9 \cdots 44$ □ =

⑲ $152 \div \square = 5 \cdots 17$ □ =

⑳ $354 \div \square = 7 \cdots 18$ □ =

㉑ $430 \div \square = 6 \cdots 34$ □ =

㉒ $531 \div \square = 7 \cdots 55$ □ =

㉓ $790 \div \square = 8 \cdots 6$ □ =

㉔ $387 \div \square = 5 \cdots 22$ □ =

÷8 몫이 두 자리 수인 (세 자리 수)÷(두 자리 수)

수를 연달아 어림해서 몫을 예상해 봐.

41에 19가 들어가므로
몫은 두 자리 수입니다.

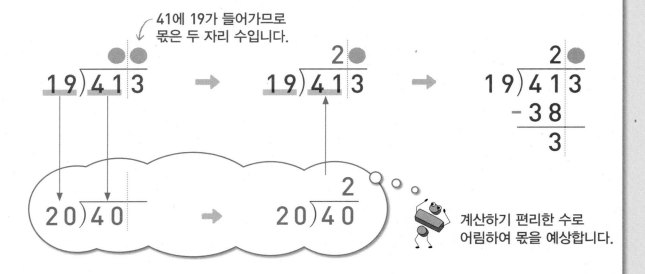

계산하기 편리한 수로
어림하여 몫을 예상합니다.

01 몫을 어림하는 방법 알기

곱해서 나누어지는 수와 가까운 수를 생각해 봐.

● 왼쪽 식의 곱을 구한 다음 오른쪽 식을 계산해 보세요.

몫을 9보다 1 만큼
작은 수로 생각해요.

①

$$11 \times 9 = 99$$

$$\times \underbrace{8}_{} 2$$

$$11\overline{)911}$$
$$-88$$
$$31$$
$$-22$$
$$9$$

②

$$33 \times 3$$

$$33\overline{)945}$$

③

$$25 \times 4$$

$$25\overline{)940}$$

④

$$45 \times 2$$

$$45\overline{)872}$$

⑤

$$27 \times 2$$

$$27\overline{)533}$$

⑥

$$13 \times 6$$

$$13\overline{)763}$$

⑦

$$29 \times 3$$

$$29\overline{)834}$$

⑧

$$49 \times 2$$

$$49\overline{)931}$$

02 세로셈 세로셈에서는 반드시 자리를 맞추어 계산해야 해.

● 나눗셈의 몫과 나머지를 구해 보세요.

①
```
        ×  1 3
   2 4 ) 3 3 0
      -  2 4      ❶ 24×1
         9 0      ❷ 330-240
       -  7 2     ❸ 24×3
           1 8    ❹ 90-72
```

②
```
   2 2 ) 3 2 1
                 ❶ 22×1
                 ❷ 321-220
                 ❸ 22×4
                 ❹ ❷-❸
```

③
```
   2 5 ) 4 8 6
```

④
```
   1 6 ) 2 0 5
```

⑤
```
   4 4 ) 6 6 8
```

⑥
```
   1 2 ) 6 5 6
```

⑦
```
   2 3 ) 3 3 6
```

⑧
```
   1 1 ) 8 7 0
```

⑨
```
   3 1 ) 9 4 3
```

⑩
```
   3 6 ) 8 5 8
```

⑪
```
   2 5 ) 9 4 7
```

⑫
```
   2 8 ) 7 5 2
```

⑬ 27)350

⑭ 16)805

⑮ 38)441

⑯ 17)416

⑰ 12)704

⑱ 43)541

⑲ 28)881

⑳ 37)704

㉑ 48)874

㉒ 26)896

㉓ 42)985

㉔ 39)865

㉕
```
    4 5 ) 7 7 2
```

㉖
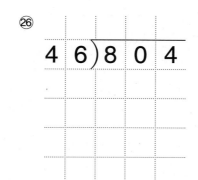
```
    4 6 ) 8 0 4
```

㉗
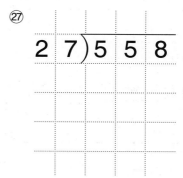
```
    2 7 ) 5 5 8
```

㉘
```
    2 3 ) 6 6 7
```

㉙
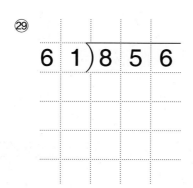
```
    6 1 ) 8 5 6
```

㉚
```
    5 4 ) 9 0 0
```

㉛
```
    5 8 ) 7 2 8
```

㉜
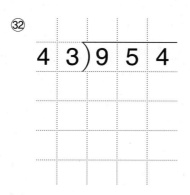
```
    4 3 ) 9 5 4
```

㉝
```
    2 4 ) 9 5 9
```

㉞
```
    2 5 ) 7 8 0
```

㉟
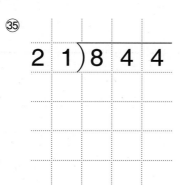
```
    2 1 ) 8 4 4
```

㊱
```
    1 2 ) 6 4 9
```

03 가로셈

세로셈으로 쓰면 계산하기 쉬워.

● 세로셈으로 쓰고 나눗셈의 몫과 나머지를 구해 보세요.

① $339 \div 25 = 13 \cdots 14$

아래 모눈에 자리를 맞추어
세로셈으로 쓰고 계산해요.

② $906 \div 24 =$

③ $536 \div 26 =$

④ $346 \div 31 =$

⑤ $766 \div 34 =$

⑥ $501 \div 33 =$

⑦ $963 \div 41 =$

⑧ $965 \div 34 =$

⑨ $394 \div 27 =$

⑩ $907 \div 46 =$

⑪ $500 \div 36 =$

⑫ $932 \div 42 =$

계산 과정을 스스로 정리하며 쓰는 연습을 해요.

①
```
        × 1 3
  2 5 ) 3 3 9
      - 2 5      ❶ 25×1
        8 9      ❷ 339-250
      - 7 5      ❸ 25×3
        1 4      ❹ 89-75
```
②

③

④

⑤

⑥

⑦

⑧

⑨

⑩

⑪

⑫

⑬ 211÷13 =   ⑭ 252÷17 =   ⑮ 961÷26 =

⑯ 471÷23 =   ⑰ 991÷35 =   ⑱ 538÷24 =

⑲ 784÷55 =   ⑳ 946÷31 =   ㉑ 709÷34 =

㉒ 940÷32 =   ㉓ 998÷62 =   ㉔ 997÷38 =

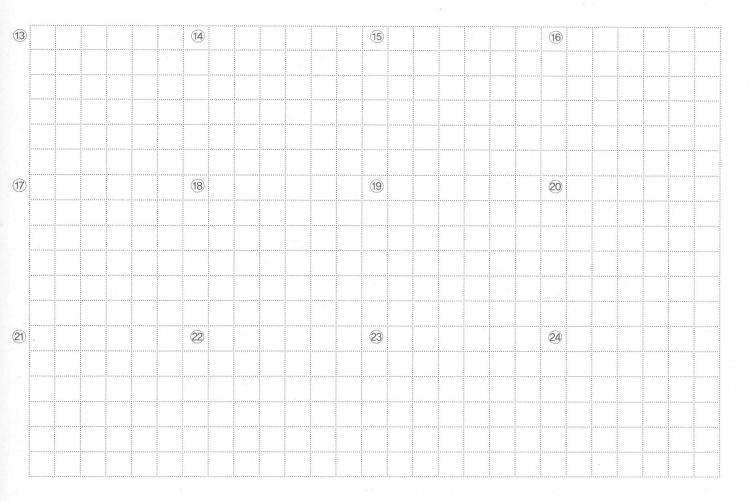

㉕ 502÷48=

㉖ 851÷33=

㉗ 889÷42=

㉘ 698÷53=

㉙ 605÷29=

㉚ 734÷46=

㉛ 923÷82=

㉜ 779÷36=

㉝ 705÷18=

㉞ 837÷23=

㉟ 994÷39=

㊱ 971÷42=

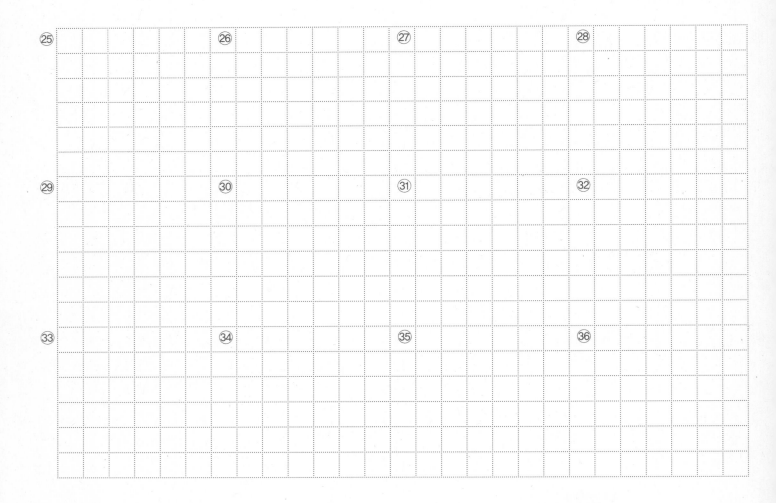

㉕ ㉖ ㉗ ㉘

㉙ ㉚ ㉛ ㉜

㉝ ㉞ ㉟ ㊱

04 정해진 수로 나누기

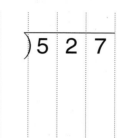
몫과 나머지가 어떻게 달라지는지 살펴봐.

● 나눗셈의 몫과 나머지를 구해 보세요.

① 25로 나누어 보세요.

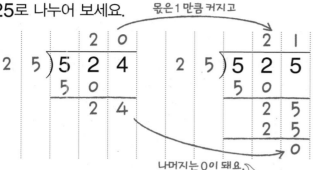

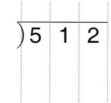
나머지는 25보다 작아야 해요.

② 32로 나누어 보세요.

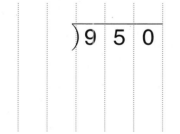 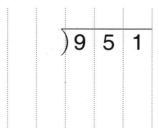 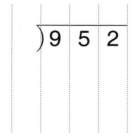

$$)512 \qquad)513$$

③ 56으로 나누어 보세요.

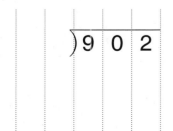 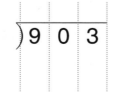 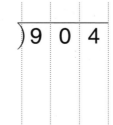

$$)952 \qquad)953$$

④ 43으로 나누어 보세요.

$$)902 \qquad)903 \qquad)904 \qquad)905$$

⑤ 47로 나누어 보세요.

$$)\overline{702} \qquad)\overline{703} \qquad)\overline{704} \qquad)\overline{705}$$

⑥ 36으로 나누어 보세요.

$$)\overline{719} \qquad)\overline{720} \qquad)\overline{721} \qquad)\overline{722}$$

⑦ 28로 나누어 보세요.

$$)\overline{950} \qquad)\overline{951} \qquad)\overline{952} \qquad)\overline{953}$$

⑧ 61로 나누어 보세요.

$$)\overline{853} \qquad)\overline{854} \qquad)\overline{855} \qquad)\overline{856}$$

05 검산하기

 검산식을 계산해서 나누어지는 수가 나오면 정답!

● 나눗셈을 하고 검산해 보세요.

①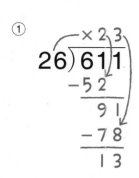

검산 ___26 × 23 + 13 = 611___

↑   ↑   ↑   ↑
나누는 수   몫   나머지   나누어지는 수

② 35)724

검산 _____

③ 63)817

검산 _____

④ 55)784

검산 _____

⑤ 54)697

검산 _____

⑥ 42)856

검산 _____

151

검산식을 계산해서 나누어지는 수가 나오면 정답!

⑦

$41\overline{)730}$

검산 ____________________

⑧

$49\overline{)911}$

검산 ____________________

⑨

$37\overline{)681}$

검산 ____________________

⑩

$34\overline{)806}$

검산 ____________________

⑪

$37\overline{)732}$

검산 ____________________

⑫

$22\overline{)694}$

검산 ____________________

나누는 수, 몫, 나머지를 이용해서 **나누어지는 수**를 구할 수 있어.

06 나누어지는 수 구하기

● 검산식을 이용하여 나누어지는 수를 구해 보세요.

① $\underline{288} \div 14 = 20 \cdots 8$

$\underline{288} = \underline{14} \times \underline{20} + \underline{8}$

② $\underline{} \div 17 = 30 \cdots 5$

$\underline{} = \underline{} \times \underline{} + \underline{}$

③ $\underline{} \div 18 = 19 \cdots 7$

$\underline{} = \underline{} \times \underline{} + \underline{}$

④ $\underline{} \div 21 = 39 \cdots 20$

$\underline{} = \underline{} \times \underline{} + \underline{}$

⑤ $\underline{} \div 34 = 20 \cdots 8$

$\underline{} = \underline{} \times \underline{} + \underline{}$

⑥ $\underline{} \div 25 = 14 \cdots 6$

$\underline{} = \underline{} \times \underline{} + \underline{}$

⑦ $\underline{} \div 31 = 17 \cdots 15$

$\underline{} = \underline{} \times \underline{} + \underline{}$

⑧ $\underline{} \div 32 = 30 \cdots 24$

$\underline{} = \underline{} \times \underline{} + \underline{}$

⑨ $\underline{} \div 38 = 22 \cdots 19$

$\underline{} = \underline{} \times \underline{} + \underline{}$

⑩ $\underline{} \div 19 = 34 \cdots 5$

$\underline{} = \underline{} \times \underline{} + \underline{}$

나누는 수, 몫, 나머지를 이용해서 **나누어지는 수를 구할 수 있어.**

⑪ ＿＿＿ ÷ 23 = 18 … 7
↑   ↓   ↓   ↓
＿＿＿ = ＿＿ × ＿＿ + ＿＿

⑫ ＿＿＿ ÷ 41 = 20 … 9
↑   ↓   ↓   ↓
＿＿＿ = ＿＿ × ＿＿ + ＿＿

⑬ ＿＿＿ ÷ 36 = 23 … 24
↑   ↓   ↓   ↓
＿＿＿ = ＿＿ × ＿＿ + ＿＿

⑭ ＿＿＿ ÷ 44 = 16 … 8
↑   ↓   ↓   ↓
＿＿＿ = ＿＿ × ＿＿ + ＿＿

⑮ ＿＿＿ ÷ 29 = 25 … 26
↑   ↓   ↓   ↓
＿＿＿ = ＿＿ × ＿＿ + ＿＿

⑯ ＿＿＿ ÷ 33 = 14 … 30
↑   ↓   ↓   ↓
＿＿＿ = ＿＿ × ＿＿ + ＿＿

⑰ ＿＿＿ ÷ 17 = 18 … 15
↑   ↓   ↓   ↓
＿＿＿ = ＿＿ × ＿＿ + ＿＿

⑱ ＿＿＿ ÷ 23 = 20 … 19
↑   ↓   ↓   ↓
＿＿＿ = ＿＿ × ＿＿ + ＿＿

⑲ ＿＿＿ ÷ 35 = 18 … 18
↑   ↓   ↓   ↓
＿＿＿ = ＿＿ × ＿＿ + ＿＿

⑳ ＿＿＿ ÷ 27 = 30 … 20
↑   ↓   ↓   ↓
＿＿＿ = ＿＿ × ＿＿ + ＿＿

나누는 수에 따라 **몫과 나머지는 달라질 수 있어.**

07 내가 만드는 나눗셈식

● □ 안에 원하는 두 자리 수를 넣어 몫과 나머지를 구해 보세요. (단, 답은 여러 가지가 될 수 있습니다.)

① 288 ÷ ^예[14] = 20 ··· 8

❶ 빈칸에 두 자리 수를 써요.   ❷ 몫과 나머지를 구해요.

② 301 ÷ [　] =

③ 450 ÷ [　] =

④ 515 ÷ [　] =

⑤ 529 ÷ [　] =

⑥ 618 ÷ [　] =

⑦ 622 ÷ [　] =

⑧ 345 ÷ [　] =

⑨ 484 ÷ [　] =

⑩ 578 ÷ [　] =

⑪ 672 ÷ [　] =

⑫ 944 ÷ [　] =

⑬ 853 ÷ [　] =

⑭ 812 ÷ [　] =

08 조건에 맞는 나눗셈식 찾기

나누어지는 수와 나누는 수만 보고도 찾을 수 있어.

● 몫이 두 자리 수인 나눗셈식을 모두 찾아 ○표 하세요.

① 40에 16이 들어갈 수 있어요. → 몫은 두 자리 수예요.

(400÷16)   (690÷15)

109÷43   232÷66

10에 43이 들어갈 수 없어요. → 몫은 한 자리 수예요.

② 552÷23   310÷45

182÷61   707÷57

③ 400÷82   395÷45

871÷33   734÷29

④ 315÷41   254÷13

480÷75   833÷31

⑤ 722÷19   578÷74

841÷46   346÷49

⑥ 589÷22   207÷59

597÷84   594÷38

⑦ 330÷44   556÷35

516÷65   732÷29

⑧ 144÷15   430÷56

750÷53   622÷32

⑨ 235÷11   400÷87

600÷75   694÷32

⑩ 148÷15   551÷24

804÷21   230÷26

⑪
467÷31   534÷12

184÷25   246÷35

⑫
495÷32   217÷48

703÷15   526÷67

⑬
352÷47   175÷26

495÷33   521÷15

⑭
278÷28   310÷20

426÷38   193÷43

⑮
456÷55   382÷16

231÷23   586÷72

⑯
826÷41   913÷21

294÷32   300÷33

⑰
431÷12   628÷79

156÷24   304÷25

⑱
113÷51   930÷31

286÷29   451÷15

⑲
255÷24   216÷58

420÷15   193÷32

⑳
281÷30   156÷84

412÷23   168÷12

나누는 수에 단위가 있으면 몫의 뜻이 달라져.

09 단위가 있는 나눗셈

● 나눗셈을 하여 몫을 알맞게 써 보세요.

182 m를 14로 똑같이 나누면 13 m씩이에요.

① 182 m ÷ 14 = 13 m

182 m ÷ 14 m = 13

182 m를 14 m씩 나누면 13(개)가 돼요.

② 330 m ÷ 15 =

330 m ÷ 15 m =

③ 325 m ÷ 25 =

325 m ÷ 25 m =

④ 384 m ÷ 12 =

384 m ÷ 12 m =

⑤ 456 m ÷ 38 =

456 m ÷ 38 m =

⑥ 585 m ÷ 13 =

585 m ÷ 13 m =

⑦ 272 m ÷ 17 =

272 m ÷ 17 m =

⑧ 704 m ÷ 22 =

704 m ÷ 22 m =

⑨ 490 m ÷ 14 =

490 m ÷ 14 m =

⑩ 864 m ÷ 36 =

864 m ÷ 36 m =

⑪ 525 m ÷ 21 =

525 m ÷ 21 m =

⑫ 952 m ÷ 34 =

952 m ÷ 34 m =

⑬ 768 g을 24로 똑같이 나누면 몇 g일까요?

768 g ÷ 24 =

768 g ÷ 24 g =

768 g을 24 g씩 똑같이 나누면 몇 개일까요?

⑭ 720 g ÷ 48 =

720 g ÷ 48 g =

⑮ 408 g ÷ 34 =

408 g ÷ 34 g =

⑯ 855 g ÷ 57 =

855 g ÷ 57 g =

⑰ 403 g ÷ 13 =

403 g ÷ 13 g =

⑱ 816 g ÷ 48 =

816 g ÷ 48 g =

⑲ 714 g ÷ 21 =

714 g ÷ 21 g =

⑳ 912 g ÷ 38 =

912 g ÷ 38 g =

㉑ 513 g ÷ 19 =

513 g ÷ 19 g =

㉒ 550 g ÷ 25 =

550 g ÷ 25 g =

㉓ 475 g ÷ 25 =

475 g ÷ 25 g =

㉔ 627 g ÷ 11 =

627 g ÷ 11 g =

A와 B 대신에 **수를 넣어서** 계산해 봐.

10 알파벳으로 나눗셈하기

● ♡를 아래와 같이 약속할 때 다음을 나눗셈식으로 나타내고 몫과 나머지를 구해 보세요.

$$A \heartsuit B = A \div (B+1)$$

① 428 ♡ 11 = ___428___ ÷ ___12___

② 869 ♡ 54 = _____ ÷ _____

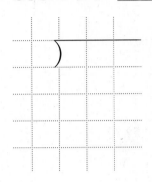

괄호 안의 수를 먼저 계산해요.

428÷(11+1)=428÷12를 세로셈으로 써서 계산해요.

③ 758 ♡ 73 = _____ ÷ _____

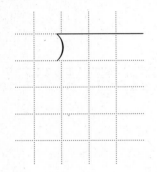

④ 679 ♡ 33 = _____ ÷ _____

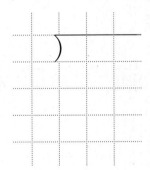

⑤ 499 ♡ 15 = _____ ÷ _____

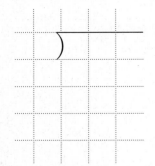

⑥ 871 ♡ 34 = _____ ÷ _____

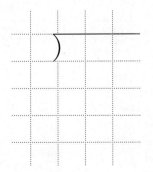

수능까지 연결되는 독해 로드맵

디딤돌 독해력은 수능까지 연결되는 체계적인 라인업을 통하여

수능에서 요구하는 핵심 독해 원리에 대한 이해는 물론,

단계 별로 심화되며 연결되는 학습의 과정을 통해

깊이 있고 종합적인 독해 사고의 능력까지 기를 수 있도록 도와줍니다.

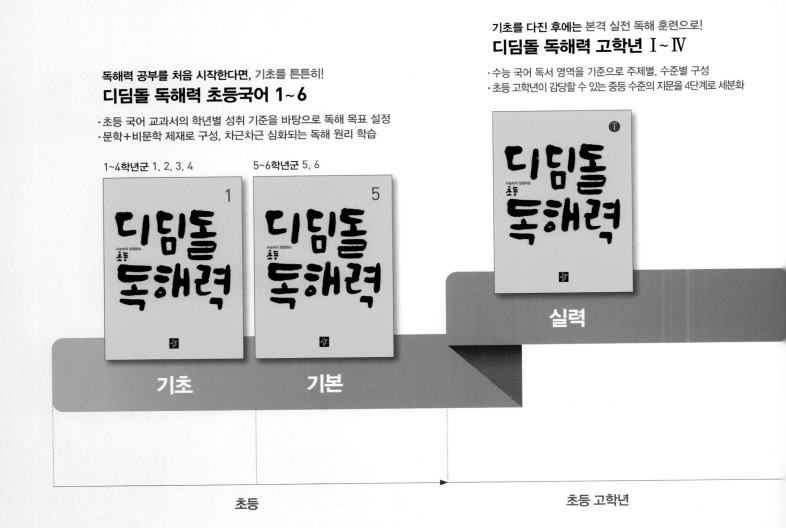

독해력 공부를 처음 시작한다면, 기초를 튼튼히!
디딤돌 독해력 초등국어 1~6

· 초등 국어 교과서의 학년별 성취 기준을 바탕으로 독해 목표 설정
· 문학+비문학 제재로 구성, 차근차근 심화되는 독해 원리 학습

1~4학년군 1, 2, 3, 4   5~6학년군 5, 6

기초를 다진 후에는 본격 실전 독해 훈련으로!
디딤돌 독해력 고학년 Ⅰ~Ⅳ

· 수능 국어 독서 영역을 기준으로 주제별, 수준별 구성
· 초등 고학년이 감당할 수 있는 중등 수준의 지문을 4단계로 세분화

기초   기본   실력

초등   초등 고학년

디딤돌
연산 수학
정답과
학습지도법

은
이다.

디딤돌
연산은
수학이다.
정답과
학습지도법

1 (세 자리 수)×(두 자리 수)

복잡한 계산은 실생활에서 계산기를 활용하므로 곱하여 답을 구하는 것 자체는 큰 의미가 없을 수도 있는 단원입니다.
많은 양의 문제를 풀어내기보다 '각 자리별로 곱하여 더하는 이유'에 대해 완벽히 이해할 수 있도록 해 주시고, '곱셈은 같은 수를 여러 번 더하는 것'이라는 원리를 다시 한번 짚어 주세요. 또한 다양한 문제를 통해 곱셈의 교환법칙을 경험하여 수학적 사고력을 길러 주세요.

01 단계에 따라 계산하기　　　　　　　8~9쪽

① 1920 → 3840 → 5760
② 2358 → 5240 → 7598
③ 1854 → 24720 → 26574
④ 5430 → 27150 → 32580
⑤ 854 → 12810 → 13664
⑥ 5250 → 17500 → 22750
⑦ 3680 → 29440 → 33120
⑧ 4744 → 5930 → 10674

곱셈의 원리 ● 계산 방법과 자릿값의 이해

02 수를 가르기하여 계산하기　　　　10~11쪽

① 333, 4440 / 4773　　② 141, 2820 / 2961
③ 606, 9090 / 9696
④ 1628, 16280 / 17908　⑤ 960, 9600 / 10560
⑥ 2025, 60750 / 62775
⑦ 1448, 36200 / 37648　⑧ 2648, 33100 / 35748
⑨ 6776, 38720 / 45496
⑩ 4728, 15760 / 20488　⑪ 4059, 27060 / 31119
⑫ 3300, 11000 / 14300
⑬ 858, 11440 / 12298　⑭ 357, 28560 / 28917
⑮ 1014, 30420 / 31434
⑯ 2952, 24600 / 27552　⑰ 3384, 59220 / 62604
⑱ 1468, 22020 / 23488
⑲ 5733, 12740 / 18473　⑳ 3616, 9040 / 12656
㉑ 1092, 14560 / 15652
㉒ 2445, 32600 / 35045　㉓ 3708, 18540 / 22248
㉔ 2032, 17780 / 19812

곱셈의 원리 ● 계산 원리 이해

03 자리별로 계산하기　　　　　　　12~13쪽

① 4212	② 9540	③ 4386
④ 6331	⑤ 16554	⑥ 43616
⑦ 3280	⑧ 19776	⑨ 4633
⑩ 9592	⑪ 33660	⑫ 16275
⑬ 16926	⑭ 8725	⑮ 39128
⑯ 15351	⑰ 7992	⑱ 62628
⑲ 29835	⑳ 45630	㉑ 43680
㉒ 10270	㉓ 22518	㉔ 10678

곱셈의 원리 ● 계산 방법과 자릿값의 이해

04 세로셈

① 29548   ② 17780   ③ 21022
④ 2332   ⑤ 20319   ⑥ 60970
⑦ 45645   ⑧ 25641   ⑨ 6696
⑩ 18252   ⑪ 20000
⑫ 9312   ⑬ 5066   ⑭ 20856
⑮ 7168   ⑯ 35616   ⑰ 41420
⑱ 5586   ⑲ 45872   ⑳ 43142
㉑ 32916   ㉒ 31691   ㉓ 26992
㉔ 53755   ㉕ 41652   ㉖ 31752
㉗ 15022   ㉘ 18426   ㉙ 33337
㉚ 15124   ㉛ 12201   ㉜ 42864
㉝ 42679   ㉞ 40944   ㉟ 13041

곱셈의 원리 ● 계산 방법과 자릿값의 이해

05 가로셈

① 11571   ② 41940   ③ 15376
④ 42303   ⑤ 10332   ⑥ 7098
⑦ 45780   ⑧ 18564   ⑨ 24120
⑩ 67635   ⑪ 23650   ⑫ 41408
⑬ 13000   ⑭ 14212   ⑮ 30312
⑯ 5096   ⑰ 13342   ⑱ 39545
⑲ 36120   ⑳ 49049   ㉑ 19200
㉒ 54891   ㉓ 28938   ㉔ 32096
㉕ 12852   ㉖ 6630   ㉗ 79143

곱셈의 원리 ● 계산 방법과 자릿값의 이해

06 정해진 수 곱하기

① 15를 곱해 보세요.   곱해지는 수가 1씩 커지면

		1	2	0
×			1	5
		6	0	0
+	1	2	0	
	1	8	0	0

		1	2	1
×			1	5
		6	0	5
+	1	2	1	
	1	8	1	5

		1	2	2
×			1	5
		6	1	0
	1	2	2	
	1	8	3	0

계산 결과는 15씩 커져요.

② 40을 곱해 보세요.

		3	1	5	
×			4	0	
1	2	6	0	0	

		3	1	6
×			4	0
1	2	6	4	0

		3	1	7
×			4	0
1	2	6	8	0

③ 20을 곱해 보세요.

		6	3	3
×			2	0
1	2	6	6	0

		6	3	4
×			2	0
1	2	6	8	0

		6	3	5
×			2	0
1	2	7	0	0

④ 35를 곱해 보세요.

		2	0	6
×			3	5
	1	0	3	0
	6	1	8	
	7	2	1	0

		2	0	7
×			3	5
	1	0	3	5
	6	2	1	
	7	2	4	5

		2	0	8
×			3	5
	1	0	4	0
	6	2	4	
	7	2	8	0

⑤ 50을 곱해 보세요.   곱해지는 수가 1씩 작아지면

		5	2	9
×			5	0
2	6	4	5	0

		5	2	8
×			5	0
2	6	4	0	0

		5	2	7
×			5	0
2	6	3	5	0

계산 결과는 어떻게 될까요?

⑥ 90을 곱해 보세요.

		9	4	3
×			9	0
8	4	8	7	0

		9	4	2
×			9	0
8	4	7	8	0

		9	4	1
×			9	0
8	4	6	9	0

⑦ 65를 곱해 보세요.

		8	7	5
×			6	5
	4	3	7	5
5	2	5	0	
5	6	8	7	5

		8	7	4
×			6	5
	4	3	7	0
5	2	4	4	
5	6	8	1	0

		8	7	3
×			6	5
	4	3	6	5
5	2	3	8	
5	6	7	4	5

⑧ 25를 곱해 보세요.

		4	8	4
×			2	5
	2	4	2	0
	9	6	8	
1	2	1	0	0

		4	8	3
×			2	5
	2	4	1	5
	9	6	6	
1	2	0	7	5

		4	8	2
×			2	5
	2	4	1	0
	9	6	4	
1	2	0	5	0

곱셈의 원리 ● 계산 원리 이해

07 여러 가지 수 곱하기　22~23쪽

①
		3	0	0			3	0	0			3	0	0
×			1	0	×			2	0	×			3	0
	3	0	0	0		6	0	0	0		9	0	0	0

곱하는 수가 10씩 커지면
계산 결과는 3000씩 커져요.

②
		2	5	0			2	5	0			2	5	0
×			1	0	×			2	0	×			3	0
	2	5	0	0		5	0	0	0		7	5	0	0

③
		5	0	1			5	0	1			5	0	1
×			2	0	×			3	0	×			4	0
1	0	0	2	0	1	5	0	3	0	2	0	0	4	0

④
		4	2	5			4	2	5			4	2	5
×			2	0	×			3	0	×			4	0
	8	5	0	0	1	2	7	5	0	1	7	0	0	0

⑤
		6	3	0			6	3	0			6	3	0
×			5	0	×			4	0	×			3	0
3	1	5	0	0	2	5	2	0	0	1	8	9	0	0

곱하는 수가 10씩 작아지면
계산 결과는 어떻게 될까요?

⑥
		1	4	0			1	4	0			1	4	0
×			7	0	×			6	0	×			5	0
	9	8	0	0		8	4	0	0		7	0	0	0

⑦
		8	1	5			8	1	5			8	1	5
×			8	0	×			7	0	×			6	0
6	5	2	0	0	5	7	0	5	0	4	8	9	0	0

⑧
		7	0	4			7	0	4			7	0	4
×			9	0	×			8	0	×			7	0
6	3	3	6	0	5	6	3	2	0	4	9	2	8	0

곱셈의 원리 ● 계산 원리 이해

---

08 계산하지 않고 크기 비교하기　24쪽

① <　　② <
③ <　　④ <
⑤ >　　⑥ <
⑦ <　　⑧ >
⑨ <　　⑩ >
⑪ <　　⑫ <
⑬ >　　⑭ >
⑮ >　　⑯ <

곱셈의 원리 ● 계산 방법 이해

---

09 곱셈으로 덧셈하기　25~26쪽

① 246을 10번 더한 수 246×10

			2	4	6
×				1	0
		2	4	6	0

② 123을 11번 더한 수 123×11

			1	2	3
×				1	1
			1	2	3
		1	2	3	
		1	3	5	3

③ 552를 20번 더한 수

			5	5	2
×				2	0
	1	1	0	4	0

④ 324를 35번 더한 수

			3	2	4
×				3	5
		1	6	2	0
		9	7	2	
	1	1	3	4	0

⑤ 738을 24번 더한 수

			7	3	8
×				2	4
		2	9	5	2
		1	4	7	6	
	1	7	7	1	2

⑥ 802를 47번 더한 수

			8	0	2
×				4	7
		5	6	1	4
		3	2	0	8	
	3	7	6	9	4

⑦ 518을 19번 더한 수

			5	1	8
×				1	9
		4	6	6	2
		5	1	8	
		9	8	4	2

⑧ 934를 61번 더한 수

			9	3	4
×				6	1
			9	3	4
	5	6	0	4	
	5	6	9	7	4

⑨ 391을 45번 더한 수

		3	9	1
×			4	5
	1	9	5	5
1	5	6	4	
1	7	5	9	5

⑩ 267을 34번 더한 수

		2	6	7
×			3	4
	1	0	6	8
	8	0	1	
	9	0	7	8

⑪ 813을 57번 더한 수

		8	1	3
×			5	7
	5	6	9	1
4	0	6	5	
4	6	3	4	1

⑫ 762를 23번 더한 수

		7	6	2
×			2	3
	2	2	8	6
1	5	2	4	
1	7	5	2	6

⑬ 598을 63번 더한 수

		5	9	8
×			6	3
	1	7	9	4
3	5	8	8	
3	7	6	7	4

⑭ 428을 55번 더한 수

		4	2	8
×			5	5
	2	1	4	0
2	1	4	0	
2	3	5	4	0

⑮ 273을 48번 더한 수

		2	7	3
×			4	8
	2	1	8	4
1	0	9	2	
1	3	1	0	4

⑯ 356을 70번 더한 수

		3	5	6
×			7	0
2	4	9	2	0

곱셈의 원리 ● 계산 방법 이해

11 곱셈식을 보고 식 완성하기　28~29쪽

① 817	② 354
③ 928	④ 451
⑤ 154	⑥ 207
⑦ 538	⑧ 693
⑨ 315	⑩ 726
⑪ 1400	⑫ 800
⑬ 550	⑭ 930
⑮ 736	⑯ 852
⑰ 367	⑱ 657
⑲ 442	⑳ 923
㉑ 593	㉒ 384
㉓ 286	㉔ 492
㉕ 1800	㉖ 500
㉗ 850	㉘ 1812

곱셈의 원리 ● 계산 방법 이해

10 마주 보는 곱셈　27쪽

① 8908	② 9912
③ 13875	④ 8232
⑤ 24522	⑥ 13585
⑦ 27772	⑧ 43296
⑨ 35728	⑩ 71060
⑪ 11520	⑫ 20706
⑬ 59241	

곱셈의 성질 ● 교환법칙

교환법칙
교환법칙은 곱셈의 중요한 성질이나 중등 과정에서 어려운 표현으로 처음 배우게 됩니다. 비교적 간단한 수의 연산에서부터 교환법칙의 성질을 이해한다면 이후 중등 학습에서도 쉽게 이해할 수 있을 뿐만 아니라 문제해결력을 기르는 데에도 도움이 됩니다.

2 (네 자리 수)×(두 자리 수)

이번 단원의 학습으로 자연수의 곱셈 학습을 마무리하게 되므로 곱셈의 계산 원리를 다시 한번 짚어 주세요.
'자리별로 곱하여 더하는' 곱셈의 원리는 이후 분수, 소수의 곱셈에서도 적용되므로 매우 중요합니다.
또한 중등 과정에서는 곱셈으로 인수분해, 항의 개념 등을 배우고, 곱셈의 성질을 추상화하여 학습하게 되므로 초등 연산에서 계산 연습을 통해 미리 경험하고 느껴 볼 수 있도록 합니다.

01 단계에 따라 계산하기   32~33쪽

① 8508 → 42540 → 51048

② 20315 → 81260 → 101575

③ 6634 → 132680 → 139314

④ 26775 → 89250 → 116025

⑤ 22022 → 157300 → 179322

⑥ 43272 → 108180 → 151452

⑦ 14476 → 289520 → 303996

⑧ 34465 → 68930 → 103395

곱셈의 원리 ● 계산 방법과 자릿값의 이해

02 수를 가르기하여 계산하기   34~35쪽

① 12720, 42400 / 55120

② 22113, 189540 / 211653

③ 4653, 325710 / 330363

④ 12774, 63870 / 76644

⑤ 7932, 79320 / 87252

⑥ 65168, 244380 / 309548

⑦ 27696, 184640 / 212336

⑧ 36090, 649620 / 685710

⑨ 19665, 43700 / 63365

⑩ 16152, 201900 / 218052

⑪ 44574, 74290 / 118864

⑫ 10566, 211320 / 221886

⑬ 32784, 163920 / 196704

⑭ 11232, 56160 / 67392

⑮ 11625, 155000 / 166625

⑯ 60507, 470610 / 531117

곱셈의 원리 ● 계산 원리 이해

03 자리별로 계산하기   36~37쪽

① 21472	② 146744	③ 175252
④ 160435	⑤ 241251	⑥ 629090
⑦ 98820	⑧ 700272	⑨ 143264
⑩ 223431	⑪ 417606	⑫ 570920
⑬ 650637	⑭ 252828	⑮ 559620
⑯ 71864	⑰ 353464	⑱ 115875
⑲ 239242	⑳ 780425	㉑ 58224
㉒ 59328	㉓ 222925	㉔ 647520

곱셈의 원리 ● 계산 방법과 자릿값의 이해

04 세로셈 38~40쪽

① 109347	② 75585	③ 93879
④ 199696	⑤ 598368	⑥ 283206
⑦ 533304	⑧ 449967	⑨ 233120
⑩ 481780	⑪ 385964	⑫ 88288
⑬ 328392	⑭ 90168	⑮ 392203
⑯ 564300	⑰ 136952	⑱ 95840
⑲ 111962	⑳ 117608	㉑ 303223
㉒ 510328	㉓ 469463	㉔ 426384
㉕ 121213	㉖ 316407	㉗ 89496
㉘ 560883	㉙ 560790	㉚ 88270
㉛ 273936	㉜ 328590	㉝ 214416
㉞ 580964	㉟ 207928	㊱ 485688

곱셈의 원리 ● 계산 방법과 자릿값의 이해

05 가로셈 41~43쪽

① 318937	② 114873	③ 55560
④ 701280	⑤ 284316	⑥ 502945
⑦ 67872	⑧ 846376	⑨ 231984
⑩ 57354	⑪ 846916	⑫ 201150
⑬ 74472	⑭ 238770	⑮ 87308
⑯ 252200	⑰ 96811	⑱ 247665
⑲ 55120	⑳ 211653	㉑ 330363
㉒ 76644	㉓ 87252	㉔ 309548
㉕ 240110	㉖ 685710	㉗ 396848

곱셈의 원리 ● 계산 방법과 자릿값의 이해

06 여러 가지 수 곱하기 44~45쪽

①

	1 2 0 0		1 2 0 0		1 2 0 0
×	⑰	×	⑱	×	1 9
	8 4 0 0		9 6 0 0		1 0 8 0 0
+	1 2 0 0		1 2 0 0		1 2 0 0
	2 0 4 0 0		2 1 6 0 0		2 2 8 0 0

곱하는 수가 1씩 커지면 계산 결과는 1200씩 커져요.

②

	5 3 7 8		5 3 7 8		5 3 7 8
×	4 0	×	5 0	×	6 0
	2 1 5 1 2 0		2 6 8 9 0 0		3 2 2 6 8 0

③

	4 6 8 0		4 6 8 0		4 6 8 0
×	5 0	×	6 0	×	7 0
	2 3 4 0 0 0		2 8 0 8 0 0		3 2 7 6 0 0

④

	2 9 0 8		2 9 0 8		2 9 0 8
×	1 0	×	1 5	×	2 0
	2 9 0 8 0		1 4 5 4 0		5 8 1 6 0
			2 9 0 8		
			4 3 6 2 0		

⑤

	8 3 1 0		8 3 1 0		8 3 1 0
×	⑨ ⑩	×	⑧ ⑩	×	7 0
	7 4 7 9 0 0		6 6 4 8 0 0		5 8 1 7 0 0

곱하는 수가 10씩 작아지면
계산 결과는 어떻게 될까요?

⑥

	3 7 6 0		3 7 6 0		3 7 6 0
×	4 2	×	4 1	×	4 0
	7 5 2 0		3 7 6 0		1 5 0 4 0 0
	1 5 0 4 0		1 5 0 4 0		
	1 5 7 9 2 0		1 5 4 1 6 0		

⑦

	7 3 4 5		7 3 4 5		7 3 4 5
×	3 0	×	2 9	×	2 8
	2 2 0 3 5 0		6 6 1 0 5		5 8 7 6 0
			1 4 6 9 0		1 4 6 9 0
			2 1 3 0 0 5		2 0 5 6 6 0

⑧

	6 7 2 3		6 7 2 3		6 7 2 3
×	5 5	×	5 4	×	5 3
	3 3 6 1 5		2 6 8 9 2		2 0 1 6 9
	3 3 6 1 5		3 3 6 1 5		3 3 6 1 5
	3 6 9 7 6 5		3 6 3 0 4 2		3 5 6 3 1 9

곱셈의 원리 ● 계산 원리 이해

① $2500 \times 12 = 2500 \times 4 \times 3 = \boxed{30000}$

       $\boxed{10000}$

2500×12보다
10000×3이
더 간단해요.
     $\boxed{30000}$

② $3600 \times 15 = 3600 \times 5 \times 3 = \boxed{54000}$

       $\boxed{18000}$

     $\boxed{54000}$

③ $3500 \times 12 = 3500 \times 2 \times 6 = \boxed{42000}$

       $\boxed{7000}$

     $\boxed{42000}$

④ $1500 \times 18 = 1500 \times 2 \times 9 = \boxed{27000}$

       $\boxed{3000}$

     $\boxed{27000}$

⑤ $2200 \times 15 = 2200 \times 5 \times 3 = \boxed{33000}$

       $\boxed{11000}$

     $\boxed{33000}$

⑥ $4500 \times 14 = 4500 \times 2 \times 7 = \boxed{63000}$

       $\boxed{9000}$

     $\boxed{63000}$

⑦ $1200 \times 35 = 1200 \times 5 \times 7 = \boxed{42000}$

       $\boxed{6000}$

     $\boxed{42000}$

⑧ $2400 \times 15 = 2400 \times 5 \times 3 = \boxed{36000}$

       $\boxed{12000}$

     $\boxed{36000}$

⑨ $4500 \times 18 = 4500 \times 2 \times 9 = \boxed{81000}$

       $\boxed{9000}$

     $\boxed{81000}$

⑩ $4000 \times 45 = 4000 \times 5 \times 9 = \boxed{180000}$

       $\boxed{20000}$

     $\boxed{180000}$

⑪ $1600 \times 25 = 1600 \times 5 \times 5 = \boxed{40000}$

       $\boxed{8000}$

     $\boxed{40000}$

⑫ $2500 \times 24 = 2500 \times 4 \times 6 = \boxed{60000}$

       $\boxed{10000}$

     $\boxed{60000}$

곱셈의 감각 ● 수의 조작

08 알파벳으로 계산하기   49쪽

① 3000, 147500 / 1400, 27600 /
    4200, 145775 / 5074, 126225

② 3600, 315900 / 7080, 560000 /
    8460, 252900 / 9400, 374400

③ 6292, 218995 / 6293, 219030 /
    1160, 66000 / 1161, 67100

곱셈의 활용 ● 곱셈의 추상화

수의 추상화

초등 학습과 중등 학습의 가장 큰 차이는 '추상화'입니다.
초등에서는 개념 설명을 할 때 어떤 수로 예를 들어 설명하지만 중등에서는 $a + b = c$와 같이 문자를 사용합니다.
문자는 수를 대신하는 것일 뿐 그 이상의 어려운 개념은 아닌데도 학생들에게는 초등과 중등의 큰 격차로 느껴지게 되지요.
디딤돌 연산에서는 '수를 대신하는 문자'를 통해 추상화된 계산식을 미리 접해 봅니다.

3 (몇백), (몇천) 곱하기

곱하는 두 수 중 (몇)끼리의 곱에 곱하는 두 수의 0의 개수만큼 0을 붙이는 학습입니다. 보다 큰 수의 곱셈을 하기 위한 준비학습이므로 10배, 100배 등의 원리를 숙달하고 곱을 나타낼 때 0의 개수에 주의할 수 있도록 해주세요.

01 가로셈 52~54쪽

① 4000
② 4000
③ 60000
④ 60000
⑤ 80000
⑥ 800000
⑦ 30000
⑧ 3600
⑨ 1600
⑩ 2100
⑪ 32000
⑫ 18000
⑬ 36000
⑭ 640000
⑮ 180000
⑯ 3500000
⑰ 420000
⑱ 5600000
⑲ 240000
⑳ 160000
㉑ 12000
㉒ 4200000
㉓ 200000
㉔ 10000
㉕ 4000000
㉖ 10000
㉗ 400000
㉘ 20000
㉙ 10000
㉚ 20000
㉛ 4000000
㉜ 100000
㉝ 1800000
㉞ 3200000
㉟ 56000
㊱ 1900000
㊲ 100000
㊳ 210000
㊴ 8000000
㊵ 12000000
㊶ 100000
㊷ 100000
㊸ 99000
㊹ 480000
㊺ 840000
㊻ 69000
㊼ 450000
㊽ 81000
㊾ 155000
㊿ 36900
(51) 104000
(52) 306000
(53) 12800
(54) 186000
(55) 212000
(56) 42800
(57) 123600
(58) 281200
(59) 201200
(60) 1278000

곱셈의 원리 ● 계산 방법과 자릿값의 이해

02 세로셈 55~57쪽

① 2700
② 1500
③ 2400
④ 56000
⑤ 28000
⑥ 15000
⑦ 160000
⑧ 120000
⑨ 810000
⑩ 25000
⑪ 24000
⑫ 32000
⑬ 2100000
⑭ 4800000
⑮ 1400000
⑯ 2700000
⑰ 2100000
⑱ 4500000
⑲ 100000
⑳ 10000
㉑ 10000
㉒ 200000
㉓ 20000
㉔ 100000
㉕ 400000
㉖ 1600000
㉗ 100000
㉘ 20000
㉙ 200000
㉚ 360000
㉛ 10600
㉜ 180200
㉝ 121800
㉞ 153600
㉟ 1293000
㊱ 128000
㊲ 49600
㊳ 24000
㊴ 585000
㊵ 75000
㊶ 2200000
㊷ 121000
㊸ 1155000
㊹ 1400000
㊺ 225000

곱셈의 원리 ● 계산 방법과 자릿값의 이해

03 10배씩 커지는 수 곱하기 58~59쪽

① 24, 240, 2400
② 39, 390, 3900
③ 28, 280, 2800
④ 45, 450, 4500
⑤ 93, 930, 9300
⑥ 1000, 10000, 100000
⑦ 84, 840, 8400
⑧ 366, 3660, 36600
⑨ 804, 8040, 80400
⑩ 999, 9990, 99900
⑪ 26, 260, 2600
⑫ 48, 480, 4800
⑬ 36, 360, 3600
⑭ 77, 770, 7700
⑮ 480, 4800, 48000
⑯ 630, 6300, 63000
⑰ 300, 3000, 30000
⑱ 4880, 48800, 488000
⑲ 6060, 60600, 606000
⑳ 9960, 99600, 996000

곱셈의 원리 ● 계산 원리 이해

04 곱하는 수 구하기
60~61쪽

① 2, 20, 200   ② 5, 50, 500

③ 3, 30, 300   ④ 30, 300, 3000

⑤ 20, 200, 2000   ⑥ 40, 400, 4000

⑦ 40, 400, 4000   ⑧ 20, 200, 2000

⑨ 30, 300, 3000   ⑩ 8, 80, 800

⑪ 2, 20, 200   ⑫ 3, 30, 300

⑬ 2, 20, 200   ⑭ 30, 300, 3000

⑮ 30, 300, 3000   ⑯ 20, 200, 2000

⑰ 30, 300, 3000   ⑱ 40, 400, 4000

⑲ 20, 200, 2000   ⑳ 80, 800, 8000

곱셈의 원리 ● 계산 원리 이해

⑨ $(200 \times 60) \times 500 = 200 \times (60 \times 500)$
12000   30000
6000000   6000000

⑩ $(300 \times 50) \times 400 = 300 \times (50 \times 400)$
15000   20000
6000000   6000000

⑪ $(800 \times 20) \times 500 = 800 \times (20 \times 500)$
16000   10000
8000000   8000000

⑫ $(500 \times 60) \times 400 = 500 \times (60 \times 400)$
30000   24000
12000000   12000000

⑬ $(30 \times 250) \times 40 = 30 \times (250 \times 40)$
7500   10000
300000   300000

⑭ $(90 \times 80) \times 250 = 90 \times (80 \times 250)$
7200   20000
1800000   1800000

⑮ $(250 \times 20) \times 70 = 250 \times (20 \times 70)$
5000   1400
350000   350000

⑯ $(40 \times 250) \times 70 = 40 \times (250 \times 70)$
10000   17500
700000   700000

곱셈의 성질 ● 결합법칙

결합법칙
결합법칙은 순서를 바꾸어 계산해도 그 결과가 같다는 법칙입니다.
+와 ×에서는 결합법칙이 성립하지만 −와 ÷에서는 성립하지 않습니다. 초등 과정에서는 +, −, ×, ÷의 사칙연산만 다루지만 중고등 학습에서는 '임의의 연산'을 가정하여 연산의 범위를 확장하게 되는데 이때, '임의의 연산'에서 결합법칙의 성립 여부를 문제의 조건으로 제시합니다. 결합법칙의 뜻 자체는 어렵지 않지만 숙지하고 있지 않다면 능숙하게 문제에 적용하기 어려울 수 있으므로 쉬운 연산 학습에서부터 결합법칙을 경험하고 이해할 수 있게 해 주세요.

05 묶어서 곱하기
62~63쪽

① $(30 \times 40) \times 50 = 30 \times (40 \times 50)$
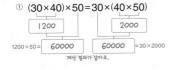
1200   2000
$1200 \times 50 =$ 60000   60000 $= 30 \times 2000$
계산 결과가 같아요.

② $(60 \times 50) \times 70 = 60 \times (50 \times 70)$
3000   3500
210000   210000

③ $(70 \times 50) \times 90 = 70 \times (50 \times 90)$
3500   4500
315000   315000

④ $(50 \times 30) \times 80 = 50 \times (30 \times 80)$
1500   2400
120000   120000

⑤ $(40 \times 20) \times 500 = 40 \times (20 \times 500)$
800   10000
400000   400000

⑥ $(700 \times 80) \times 50 = 700 \times (80 \times 50)$
56000   4000
2800000   2800000

⑦ $(60 \times 800) \times 50 = 60 \times (800 \times 50)$
48000   40000
2400000   2400000

⑧ $(300 \times 50) \times 60 = 300 \times (50 \times 60)$
15000   3000
900000   900000

06 다르면서 같은 곱셈 64~65쪽

① 6000, 6000, 6000
② 12000, 12000, 12000
③ 15000, 15000, 15000
④ 42000, 42000, 42000
⑤ 16000, 16000, 16000
⑥ 27000, 27000, 27000
⑦ 20000, 20000, 20000
⑧ 30000, 30000, 30000
⑨ 40000, 40000, 40000
⑩ 8000, 8000, 8000
⑪ 35000, 35000, 35000
⑫ 18000, 18000, 18000
⑬ 24000, 24000, 24000
⑭ 36000, 36000, 36000
⑮ 48000, 48000, 48000
⑯ 72000, 72000, 72000
⑰ 64000, 64000, 64000
⑱ 30000, 30000, 30000
⑲ 56000, 56000, 56000
⑳ 42000, 42000, 42000
㉑ 36000, 36000, 36000
㉒ 54000, 54000, 54000
㉓ 40000, 40000, 40000
㉔ 72000, 72000, 72000

곱셈의 원리 ● 계산 원리 이해

07 등식 완성하기 66쪽

① 100
② 100
③ 100
④ 100
⑤ 1000
⑥ 1000
⑦ 10000
⑧ 10000
⑨ 10000
⑩ 10000
⑪ 10000
⑫ 100000
⑬ 1000
⑭ 10000
⑮ 10000
⑯ 100000

곱셈의 성질 ● 등식

등식
등식은 =의 양쪽 값이 같음을 나타낸 식입니다. 수학 문제를 풀 때 결과를 =의 오른쪽에 자연스럽게 쓰지만 학생들이 =의 의미를 간과한 채 사용하기 쉽습니다. 간단한 연산 문제를 푸는 시기부터 등식의 개념을 이해하고 =를 사용한다면 초등 고학년, 중등으로 이어지는 학습에서 등식, 방정식의 개념을 쉽게 이해할 수 있습니다.

08 곱이 같도록 수 묶기 67쪽

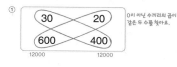
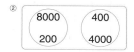
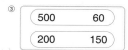

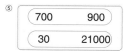
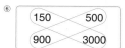
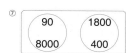

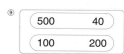
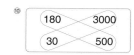

곱셈의 감각 ● 수의 조작

4 곱셈 종합

B단계에서 했던 곱셈을 다시 한 번 연습합니다. 수의 크기로 분류하여 따로 학습했던 계산을 한 데로 모아 관계를 살펴보며 곱셈의 원리를 짚어 봅니다. 이 단계에서 '자연수의 곱셈' 학습을 마무리 하고 이후 (두 자리 수)÷(두 자리 수), (세 자리 수)÷(두 자리 수), 곱셈과 나눗셈의 혼합 계산으로 연결됩니다.

01 세로셈

70~72쪽

① 3038	② 12206	③ 107601
④ 1392	⑤ 20288	⑥ 452848
⑦ 1936	⑧ 16445	⑨ 237766
⑩ 2736	⑪ 21873	⑫ 705978
⑬ 4356	⑭ 45937	⑮ 179630
⑯ 4165	⑰ 10944	⑱ 268274
⑲ 3604	⑳ 26404	㉑ 133207
㉒ 5929	㉓ 14760	
㉔ 4402	㉕ 60092	㉖ 275652
㉗ 3657	㉘ 39856	㉙ 159766
㉚ 1080	㉛ 14906	㉜ 185288
㉝ 1748	㉞ 11395	㉟ 213836

곱셈의 원리 ● 계산 방법과 자릿값의 이해

02 가로셈

73~75쪽

① 444	② 13984	③ 140507
④ 1148	⑤ 6156	⑥ 342541
⑦ 1222	⑧ 32336	⑨ 156475
⑩ 3515	⑪ 8372	⑫ 213372
⑬ 962	⑭ 4992	⑮ 50167
⑯ 2418	⑰ 13031	⑱ 150416
⑲ 3717	⑳ 17476	㉑ 94328
㉒ 5394	㉓ 22563	㉔ 224616
㉕ 490	㉖ 15288	㉗ 129676
㉘ 901	㉙ 44109	㉚ 275192
㉛ 2726	㉜ 36048	㉝ 443744
㉞ 819	㉟ 32580	㊱ 228177

곱셈의 원리 ● 계산 방법과 자릿값의 이해

03 정해진 수 곱하기

76~77쪽

① 408, 4080, 40800
② 731, 7310, 73100
③ 1518, 15180, 151800
④ 1275, 12750, 127500
⑤ 1260, 12600, 126000
⑥ 1666, 16660, 166600
⑦ 2418, 24180, 241800
⑧ 1710, 17100, 171000
⑨ 4144, 41440, 414400
⑩ 4160, 41600, 416000

곱셈의 원리 ● 계산 원리 이해

① 90, 990, 9990　　② 80, 880, 8880

③ 60, 660, 6660

④ 22, 242, 2442　　⑤ 36, 396, 3996

⑥ 63, 693, 6993

⑦ 44, 484, 4884　　⑧ 48, 528, 5328

⑨ 88, 968, 9768

⑩ 68, 748, 7548　　⑪ 66, 726, 7326

⑫ 46, 506, 5106

⑬ 60, 660, 6660　　⑭ 70, 770, 7770

⑮ 50, 550, 5550

⑯ 90, 990, 9990　　⑰ 64, 704, 7104

⑱ 100, 1100, 11100

⑲ 72, 792, 7992　　⑳ 208, 2288, 23088

㉑ 57, 627, 6327

㉒ 135, 1485, 14985　　㉓ 210, 2310, 23310

㉔ 84, 924, 9324

곱셈의 원리 ● 계산 원리 이해

① $13 \times 20 \times 5 = 1300$
　100 ❶ $20 \times 5 = 100$을 먼저 계산하고
　1300 ❷ 13에 100을 곱해요.

② $4 \times 19 \times 25 = 1900$
　100
　1900

③ $4 \times 16 \times 25 = 1600$

④ $25 \times 55 \times 4 = 5500$

⑤ $15 \times 33 \times 2 = 990$

⑥ $25 \times 13 \times 2 = 650$

⑦ $17 \times 5 \times 40 = 3400$

⑧ $20 \times 16 \times 25 = 8000$

⑨ $22 \times 150 \times 2 = 6600$

⑩ $50 \times 133 \times 4 = 26600$

⑪ $15 \times 250 \times 2 = 7500$

⑫ $4 \times 132 \times 50 = 26400$

⑬ $27 \times 25 \times 40 = 27000$

⑭ $250 \times 19 \times 4 = 19000$

⑮ $29 \times 125 \times 8 = 29000$

⑯ $28 \times 4 \times 125 = 14000$

⑰ $125 \times 43 \times 16 = 86000$

⑱ $8 \times 55 \times 125 = 55000$

⑲ $61 \times 80 \times 75 = 366000$

⑳ $125 \times 63 \times 40 = 315000$

㉑ $13 \times 75 \times 60 = 58500$

㉒ $125 \times 43 \times 80 = 430000$

㉓ $51 \times 125 \times 16 = 102000$

㉔ $40 \times 59 \times 125 = 295000$

㉕ $80 \times 63 \times 125 = 630000$

㉖ $25 \times 73 \times 20 = 36500$

㉗ $37 \times 125 \times 4 = 18500$

㉘ $33 \times 8 \times 75 = 19800$

곱셈의 감각 ● 수의 조작

5 몇십으로 나누기

'몇십으로 나누기'는 앞으로 배울 '두 자리 수로 나누기'의 몫을 어림하는 준비학습이기도 합니다. 곱셈을 이용하여 몫을 구하고 나머지가 나누는 수보다 작아야 하는 나눗셈의 원리를 이해하여 계산할 수 있도록 지도해 주세요.

01 세로셈
84~86쪽

① 3…13 ② 6 ③ 6…9
④ 6 ⑤ 3…9 ⑥ 4
⑦ 6…7 ⑧ 1…8 ⑨ 4
⑩ 7 ⑪ 1…20 ⑫ 3…20
⑬ 4…22 ⑭ 4…22 ⑮ 2…35
⑯ 8 ⑰ 7…6 ⑱ 5…18
⑲ 4 ⑳ 6…11 ㉑ 4…5
㉒ 6…20 ㉓ 7 ㉔ 7
㉕ 4…30 ㉖ 9 ㉗ 7…28
㉘ 6…34 ㉙ 1 ㉚ 5…55
㉛ 7…6 ㉜ 5 ㉝ 2…12
㉞ 3…5 ㉟ 7…15 ㊱ 6…18
㊲ 2…17 ㊳ 5…20 ㊴ 9…17
㊵ 5…23 ㊶ 5…29 ㊷ 7…26
㊸ 8…62 ㊹ 8…46 ㊺ 5…37

나눗셈의 원리 ● 계산 방법과 자릿값의 이해

02 가로셈
87~89쪽

① 9…14 ② 9 ③ 2
④ 8…26 ⑤ 6…32 ⑥ 9
⑦ 7…12 ⑧ 8 ⑨ 4…8
⑩ 2 ⑪ 2…49 ⑫ 6…19
⑬ 2…24 ⑭ 2…6 ⑮ 7
⑯ 2…45 ⑰ 3…19 ⑱ 8…35
⑲ 8 ⑳ 1 ㉑ 7…24
㉒ 3…40 ㉓ 8 ㉔ 5…17
㉕ 9…8 ㉖ 3 ㉗ 5…48
㉘ 6 ㉙ 3…30 ㉚ 6…14
㉛ 2…6 ㉜ 1…40 ㉝ 3…60
㉞ 5…17 ㉟ 2 ㊱ 4…32

나눗셈의 원리 ● 계산 방법과 자릿값의 이해

03 정해진 수로 나누기
90~91쪽

① 5…19, 6, 6…1, 6…2
② 4…29, 5, 5…1, 5…2
③ 4…38, 4…39, 5, 5…1
④ 5…49, 6, 6…1, 6…2
⑤ 7…58, 7…59, 8, 8…1
⑥ 4…69, 5, 5…1, 5…2
⑦ 7…77, 7…78, 7…79, 8
⑧ 8…88, 8…89, 9, 9…1

나눗셈의 원리 ● 계산 원리 이해

04 0을 지우고 나누기

① $160 \div 20 = 16 \div 2 = 8$
　❶0을 같은　❷남은 수로 나눗셈을 해요.
　개수만큼씩 지워요.

② $150 \div 50 = 3$

③ $350 \div 70 = 5$

④ $90 \div 30 = 3$

⑤ $240 \div 60 = 4$

⑥ $640 \div 80 = 8$

⑦ $80 \div 20 = 4$

⑧ $210 \div 30 = 7$

⑨ $360 \div 40 = 9$

⑩ $720 \div 80 = 9$

⑪ $600 \div 60 = 10$

⑫ $4200 \div 60 = 70$

⑬ $2700 \div 30 = 90$

⑭ $3600 \div 90 = 40$

수의 크기는 달라도 등분한 수는 같아.

8	8	$16 \div 8 = 2$
80	80	$160 \div 80 = 2$

⑮ $4000 \div 80 = 50$

⑯ $5000 \div 50 = 100$

나눗셈의 원리 ● 계산 방법 이해

05 곱셈으로 나눗셈하기

① 350, 7　　② 240, 8

③ 200, 5　　④ 180, 9

⑤ 320, 4　　⑥ 420, 7

⑦ 450, 5　　⑧ 210, 3

⑨ 300, 5　　⑩ 400, 8

⑪ 150, 3　　⑫ 280, 4

⑬ 480, 6　　⑭ 810, 9

⑮ 140, 7　　⑯ 720, 9

⑰ 120, 4　　⑱ 270, 3

⑲ 540, 60　　⑳ 240, 40

㉑ 120, 20　　㉒ 560, 80

㉓ 2400, 80　　㉔ 3600, 90

㉕ 1800, 30　　㉖ 6300, 70

나눗셈의 성질 ● 곱셈과 나눗셈의 관계

06 검산하기

① 2, 17 / 20, 2, 17, 57　　② 2, 2 / 30, 2, 2, 62

③ 2, 4 / 40, 2, 4, 84　　④ 1, 46 / 50, 1, 46, 96

⑤ 3, 5 / 30, 3, 5, 95　　⑥ 1, 16 / 60, 1, 16, 76

⑦ 2, 29 / 30, 2, 29, 89　　⑧ 4, 11 / 20, 4, 11, 91

⑨ 2, 13 / 40, 2, 13, 93　　⑩ 2, 19 / 30, 2, 19, 79

⑪ 9, 3 / 20, 9, 3, 183　　⑫ 3, 17 / 80, 3, 17, 257

⑬ 9, 19 / 30, 9, 19, 289　　⑭ 7, 6 / 50, 7, 6, 356

⑮ 2, 23 / 60, 2, 23, 143　　⑯ 6, 69 / 70, 6, 69, 489

⑰ 7, 3 / 80, 7, 3, 563　　⑱ 6, 15 / 60, 6, 15, 375

⑲ 9, 32 / 50, 9, 32, 482　　⑳ 4, 61 / 90, 4, 61, 421

나눗셈의 원리 ● 계산 원리 이해

검산
계산 결과가 옳은지 그른지를 검사하는 계산으로 계산 실수를 줄일 수 있는 가장 좋은 방법입니다. 또한, 검산은 앞서 계산한 것과 다른 방법을 사용해야 하기 때문에 문제 푸는 방법을 다양한 방법으로 생각해 보게 하는 효과도 얻을 수 있습니다. 따라서 나눗셈에서의 검산뿐만 아니라 덧셈, 뺄셈, 곱셈에서도 검산하는 습관을 길러주세요.

07 시간 구하기

① 1분 2초　　② 1분 10초　　③ 1분 30초

④ 1분 45초　　⑤ 1분 50초　　⑥ 2분

⑦ 2분 25초　　⑧ 2분 30초　　⑨ 3분

⑩ 4분　　⑪ 4분 46초　　⑫ 5분

① 1시간 5분　　② 1시간 25분　　③ 1시간 30분

④ 1시간 40분　　⑤ 2시간　　⑥ 2시간 35분

⑦ 3시간　　⑧ 3시간 20분　　⑨ 3시간 54분

⑩ 4시간 10분　　⑪ 5시간　　⑫ 5시간 18분

나눗셈의 활용 ● 상황에 맞는 나눗셈

08 등식 완성하기 98쪽

① 30 ② 20
③ 10 ④ 20
⑤ 40 ⑥ 10
⑦ 90 ⑧ 20
⑨ 90 ⑩ 40
⑪ 80 ⑫ 70
  ⑬ 400
  ⑭ 720

나눗셈의 성질 ● 등식

09 찢어진 수 구하기 99쪽

① 120 ② 100
③ 240 ④ 250
⑤ 280 ⑥ 560
⑦ 238 ⑧ 549
⑨ 496 ⑩ 802
⑪ 30 ⑫ 50
⑬ 60 ⑭ 70

나눗셈의 원리 ● 계산 원리 이해

6 (두 자리 수)÷(두 자리 수)

나눗셈에서 가장 중요한 것은 곱을 어림하여 몫을 예상하는 것입니다. 곱을 어림할 때는 '42를 40쯤, 19를 20쯤'과 같이 계산하기 편리한 수로 나타내어 할 수 있도록 지도해 주세요. 또한 학생이 곱을 어림하여 몫을 예상하는 이유를 알고 있어야 합니다. '나누는 수'가 '나누어지는 수' 안에 몇 번 들어 있는지 알아보는 것이 몫을 구하는 과정이기 때문에 곱을 어림해야 한다는 점을 짚어 주세요.

01 몫을 예상하는 방법 알기 102쪽

① ❶ 41은 40에 가까우므로 / ❷ 몫을 2로 예상할 수 있어요.

$$2 \times 2 = 40$$
$20 \overline{)40}$ $20 \overline{)41}$
-40 -40
 0   1

②
$40 \overline{)80}$ (몫 2) $40 \overline{)82}$ (몫 2)
 80   80
 0   2

③
$10 \overline{)70}$ (몫 7) $10 \overline{)73}$ (몫 7)
 70   70
 0   3

④
$10 \overline{)50}$ (몫 5) $10 \overline{)49}$ (몫 4)
 50   40
 0   9

⑤
$20 \overline{)80}$ (몫 4) $20 \overline{)79}$ (몫 3)
 80   60
 0   19

⑥
$30 \overline{)60}$ (몫 2) $30 \overline{)58}$ (몫 1)
 60   30
 0   28

⑦ ❶ 39는 40에 가까우므로 / ❷ 몫을 예상할 수 있어요.
$40 \overline{)80}$ (몫 2) $39 \overline{)80}$ (몫 2)
 80   78
 0   2

⑧
$30 \overline{)60}$ (몫 2) $29 \overline{)60}$ (몫 2)
 60   58
 0   2

⑨
$20 \overline{)80}$ (몫 4) $18 \overline{)80}$ (몫 4)
 80   72
 0   8

⑩
$10 \overline{)80}$ (몫 8) $11 \overline{)80}$ (몫 7)
 80   77
 0   3

나눗셈의 원리 ● 계산 원리 이해

02 세로셈

103~105쪽

① 3
② 4…2
③ 4…1
④ 7…4
⑤ 2
⑥ 5…12
⑦ 6
⑧ 4…15
⑨ 4
⑩ 2…8
⑪ 4
⑫ 9
⑬ 4…18
⑭ 2
⑮ 3…16
⑯ 5
⑰ 5
⑱ 2…18
⑲ 4…6
⑳ 2…21
㉑ 2
㉒ 3…10
㉓ 4…6
㉔ 3…9
㉕ 3…21
㉖ 2…17
㉗ 6
㉘ 3…1
㉙ 2…14
㉚ 2…25
㉛ 4…3
㉜ 1…27
㉝ 2…20
㉞ 2…23
㉟ 1…28
㊱ 2…15
㊲ 3…18
㊳ 2…13
㊴ 2…5
㊵ 1…22
㊶ 3…11
㊷ 3…14
㊸ 1…36
㊹ 1…9
㊺ 1…40

나눗셈의 원리 ● 계산 방법과 자릿값의 이해

03 가로셈

106~108쪽

① 3…2
② 2…11
③ 4…10
④ 4…10
⑤ 5
⑥ 3…12
⑦ 3…9
⑧ 2…7
⑨ 3…15
⑩ 4…11
⑪ 3…5
⑫ 3…11
⑬ 3…14
⑭ 3
⑮ 3…13
⑯ 4…3
⑰ 2…16
⑱ 2…17
⑲ 3…21
⑳ 6
㉑ 3…18
㉒ 2…13
㉓ 2
㉔ 1…15
㉕ 5…2
㉖ 2…19
㉗ 4…9
㉘ 4
㉙ 3…12
㉚ 3…11
㉛ 2…8
㉜ 3…3
㉝ 2
㉞ 2…3
㉟ 1…9
㊱ 2…23

나눗셈의 원리 ● 계산 방법과 자릿값의 이해

04 정해진 수로 나누기

109~110쪽

① 2…11, 3, 3…1, 3…2
② 2…14, 3, 3…1, 3…2
③ 3…16, 4, 4…1, 4…2
④ 3…19, 3…20, 4, 4…1
⑤ 1…21, 1…22, 2, 2…1
⑥ 2…25, 2…26, 3, 3…1
⑦ 2…29, 2…30, 2…31, 3
⑧ 2…30, 2…31, 2…32, 3

나눗셈의 원리 ● 계산 원리 이해

05 검산하기

111~112쪽

① 2…14, 27×2+14=68
② 2…10, 33×2+10=76
③ 1…26, 37×1+26=63
④ 2, 41×2=82
⑤ 1…35, 51×1+35=86
⑥ 4…11, 18×4+11=83
⑦ 2…18, 39×2+18=96
⑧ 2…8, 42×2+8=92
⑨ 2, 35×2=70
⑩ 1…28, 34×1+28=62
⑪ 2…17, 29×2+17=75
⑫ 2…10, 43×2+10=96
⑬ 2…12, 32×2+12=76
⑭ 3…5, 22×3+5=71
⑮ 4…2, 15×4+2=62
⑯ 4…6, 21×4+6=90

나눗셈의 원리 ● 계산 원리 이해

06 나눗셈으로 곱셈하기
113~114쪽

① 3, 36 ② 6, 72
③ 2, 78 ④ 6, 96
⑤ 7, 77 ⑥ 3, 75
⑦ 2, 94 ⑧ 1, 56
⑨ 5, 80
⑩ 3, 45
⑪ 2, 76 ⑫ 3, 78
⑬ 7, 98 ⑭ 3, 69
⑮ 4, 84 ⑯ 6, 84
⑰ 8, 96 ⑱ 4, 48
⑲ 3, 81 ⑳ 5, 85
㉑ 4, 72 ㉒ 9, 99

나눗셈의 성질 ● 곱셈과 나눗셈의 관계

07 단위가 있는 나눗셈
115~116쪽

① 4 m, 4 ② 3 m, 3
③ 4 m, 4 ④ 5 m, 5
⑤ 3 m, 3 ⑥ 4 m, 4
⑦ 4 m, 4 ⑧ 5 m, 5
⑨ 2 m, 2 ⑩ 5 m, 5
⑪ 4 m, 4 ⑫ 5 m, 5
⑬ 3 g, 3 ⑭ 6 g, 6
⑮ 5 g, 5 ⑯ 3 g, 3
⑰ 3 g, 3 ⑱ 3 g, 3
⑲ 6 g, 6 ⑳ 4 g, 4
㉑ 3 g, 3 ㉒ 5 g, 5
㉓ 4 g, 4 ㉔ 3 g, 3

나눗셈의 원리 ● 계산 원리 이해

단위가 있는 나눗셈
나눗셈식은 단위를 넣는 방법에 따라 몫이 나타내는 바가 달라집니다. 나눗셈의 몫은 '① 전체를 똑같게 나눴을 때 한 묶음 안의 수가 몇인지, ② 전체에서 같은 수만큼씩 몇 번 덜어 낼 수 있는지'의 두 가지 뜻을 가집니다. 단위를 다르게 넣은 나눗셈의 몫을 구해 보면서 학생들은 나눗셈의 원리와 몫이 갖는 의미를 모두 이해할 수 있습니다.

08 나누어떨어지는 수 찾기
117~118쪽

① 24, 60에 ○표
② 28, 70에 ○표
③ 30, 60, 75에 ○표
④ 24, 72에 ○표
⑤ 56, 84에 ○표
⑥ 62, 93에 ○표
⑦ 51, 85에 ○표
⑧ 54, 72, 90에 ○표
⑨ 57, 95에 ○표
⑩ 46, 69에 ○표
⑪ 52, 78에 ○표
⑫ 70에 ○표

나눗셈의 원리 ● 계산 원리 이해

09 알파벳으로 나눗셈하기
119쪽

① 1…19 ② 2…8
③ 5…4   ④ 2…14
⑤ 6…7   ⑥ 5
⑦ 3…15 ⑧ 2…6
⑨ 1…37 ⑩ 4…3
⑪ 3…9   ⑫ 4…13

나눗셈의 활용 ● 나눗셈의 추상화

수의 추상화
초등 학습과 중등 학습의 가장 큰 차이는 '추상화'입니다. 초등에서는 개념 설명을 할 때 어떤 수로 예를 들어 설명하지만 중등에서는 $a+b=c$ 와 같이 문자를 사용합니다. 문자는 수를 대신하는 것일 뿐 그 이상의 어려운 개념은 아닌데도 학생들에게는 초등과 중등의 큰 격차로 느껴지게 되지요. 연산 훈련 속에서 '수를 대신하는 문자'를 보고 계산하는 문제를 풀어 봄으로써 위와 같은 표현의 격차로 어려움을 느끼지 않도록 준비합니다.

7 몫이 한 자리 수인 (세 자리 수)÷(두 자리 수)

(두 자리 수)÷(두 자리 수)에 이어지는 학습입니다. 마찬가지로 곱을 어림하여 몫을 구하고 뺄셈으로 나머지를 구합니다. 나눗셈은 몫과 나머지를 구한 다음 반드시 검산을 통해 스스로 답이 맞았는지 확인해 볼 수 있게 지도해 주세요.

01 몫을 예상하는 방법 알기   122쪽

①
$$30)\overline{210} \quad \times 7 \qquad 34)\overline{210} \quad \times 6$$
$$\underline{-210} \qquad\qquad \underline{-204}$$
$$0 \qquad\qquad\qquad 6$$
나누는 수가 커졌으므로 210÷34의 몫을 7보다 작게 예상해요.

②
$$40)\overline{240} \quad 6 \qquad 43)\overline{240} \quad 5$$
$$240 \qquad\qquad 215$$
$$0 \qquad\qquad\quad 25$$

③
$$50)\overline{350} \quad 7 \qquad 52)\overline{350} \quad 6$$
$$350 \qquad\qquad 312$$
$$0 \qquad\qquad\quad 38$$

④
$$60)\overline{480} \quad 8 \qquad 62)\overline{480} \quad 7$$
$$480 \qquad\qquad 434$$
$$0 \qquad\qquad\quad 46$$

⑤
$$70)\overline{420} \quad 6 \qquad 71)\overline{420} \quad 5$$
$$420 \qquad\qquad 355$$
$$0 \qquad\qquad\quad 65$$

⑥
$$60)\overline{360} \quad 6 \qquad 61)\overline{360} \quad 5$$
$$360 \qquad\qquad 305$$
$$0 \qquad\qquad\quad 55$$

⑦
$$40)\overline{320} \quad 8 \qquad 45)\overline{320} \quad 7$$
$$320 \qquad\qquad 315$$
$$0 \qquad\qquad\quad 5$$

⑧
$$50)\overline{400} \quad 8 \qquad 53)\overline{400} \quad 7$$
$$400 \qquad\qquad 371$$
$$0 \qquad\qquad\quad 29$$

⑨
$$80)\overline{560} \quad 7 \qquad 83)\overline{560} \quad 6$$
$$560 \qquad\qquad 498$$
$$0 \qquad\qquad\quad 62$$

⑩
$$90)\overline{810} \quad 9 \qquad 95)\overline{810} \quad 8$$
$$810 \qquad\qquad 760$$
$$0 \qquad\qquad\quad 50$$

나눗셈의 원리 ● 계산 원리 이해

02 세로셈   123~125쪽

① 4…13	② 4	③ 5…2
④ 3…3	⑤ 7…3	⑥ 8…11
⑦ 5…21	⑧ 5…12	⑨ 6…21
⑩ 8…20	⑪ 9…24	⑫ 6…43
⑬ 5…63	⑭ 4…23	⑮ 7…19
⑯ 8…15	⑰ 7…1	⑱ 8…30
⑲ 8…20	⑳ 4…19	㉑ 7…18
㉒ 6…29	㉓ 6…16	㉔ 6…15
㉕ 3…15	㉖ 7…4	㉗ 7…13
㉘ 7…16	㉙ 5…16	㉚ 7…29
㉛ 8…23	㉜ 6…18	㉝ 8…17
㉞ 9…28	㉟ 5…28	㊱ 7…1
㊲ 5…10	㊳ 8…11	㊴ 4…21
㊵ 4…17	㊶ 6…12	㊷ 8…56
㊸ 6…48	㊹ 7…51	㊺ 8…56

나눗셈의 원리 ● 계산 방법과 자릿값의 이해

03 가로셈   126~128쪽

① 6…1	② 3…24	③ 4…19
④ 2…48	⑤ 5…75	⑥ 2…21
⑦ 4…27	⑧ 5…21	⑨ 6…15
⑩ 3…17	⑪ 8	⑫ 4…32
⑬ 9…2	⑭ 4…4	⑮ 5…17
⑯ 5	⑰ 2…11	⑱ 2…33
⑲ 7…47	⑳ 4…12	㉑ 8…6
㉒ 5…17	㉓ 6…56	㉔ 7…27
㉕ 5…13	㉖ 9…28	㉗ 6…16
㉘ 5…10	㉙ 7…60	㉚ 7…11
㉛ 6…26	㉜ 7…24	㉝ 6…39
㉞ 7…43	㉟ 7…30	㊱ 2…13

나눗셈의 원리 ● 계산 방법과 자릿값의 이해

04 정해진 수로 나누기　129~130쪽

① 4…24, 5, 5…1, 5…2
② 5…31, 5…32, 6, 6…1
③ 4…45, 5, 5…1, 5…2
④ 6…51, 6…52, 7, 7…1
⑤ 5…47, 6, 6…1, 6…2
⑥ 7…67, 7…68, 8, 8…1
⑦ 6, 6…1, 6…2, 6…3
⑧ 4…63, 5, 5…1, 5…2

나눗셈의 원리 ● 계산 원리 이해

05 검산하기　131~132쪽

① 3…15, 35×3+15=120
② 6…5, 34×6+5=209
③ 5…4, 57×5+4=289
④ 3…3, 69×3+3=210
⑤ 5…14, 36×5+14=194
⑥ 4…32, 55×4+32=252
⑦ 3…22, 26×3+22=100
⑧ 5…55, 69×5+55=400
⑨ 8…6, 34×8+6=278
⑩ 9…2, 49×9+2=443
⑪ 5…32, 45×5+32=257
⑫ 7…3, 47×7+3=332
⑬ 6…25, 65×6+25=415
⑭ 8…24, 51×8+24=432
⑮ 4…24, 74×4+24=320
⑯ 8…15, 63×8+15=519

나눗셈의 원리 ● 계산 원리 이해

06 단위가 있는 나눗셈　133~134쪽

① 9 m, 9　② 6 m, 6
③ 8 m, 8　④ 5 m, 5
⑤ 6 m, 6　⑥ 5 m, 5
⑦ 7 m, 7　⑧ 9 m, 9
⑨ 7 m, 7
⑩ 8 m, 8
⑪ 8 g, 8　⑫ 6 g, 6
⑬ 8 g, 8　⑭ 7 g, 7
⑮ 9 g, 9　⑯ 4 g, 4
⑰ 7 g, 7　⑱ 9 g, 9
⑲ 5 g, 5　⑳ 6 g, 6
㉑ 4 g, 4　㉒ 5 g, 5

나눗셈의 원리 ● 계산 원리 이해

07 세 수로 네 가지 식 만들기　135~136쪽

① 5, 41, 205, 205　② 5, 26, 130, 130
③ 8, 36, 288, 288
④ 4, 58, 232, 232　⑤ 8, 25, 200, 200
⑥ 5, 45, 225, 225
⑦ 8, 31, 248, 248　⑧ 6, 38, 228, 228
⑨ 7, 56, 392, 392
⑩ 6, 23, 138, 138　⑪ 9, 16, 144, 144
⑫ 8, 73, 584, 584
⑬ 9, 37, 333, 333　⑭ 6, 48, 288, 288
⑮ 7, 63, 441, 441
⑯ 4, 39, 156, 156　⑰ 9, 44, 396, 396
⑱ 7, 24, 168, 168

나눗셈의 원리 ● 계산 원리 이해

08 어림하여 몫을 예상하기 137쪽

① 100÷18에 ○표

② 120÷19에 ○표

③ 270÷29에 ○표

④ 120÷15에 ○표

⑤ 140÷18에 ○표

⑥ 180÷19에 ○표

⑦ 450÷48에 ○표

나눗셈의 감각 ● 어림하기

어림하기

계산을 하기 전에 가능한 답의 범위를 생각해 보는 것은 계산 원리를 이해하는 데 도움이 될 뿐만 아니라 수와 연산 감각을 길러줍니다. 따라서 정확한 값을 내는 훈련만 반복하는 것이 아니라 연산의 감각을 개발하여 보다 합리적으로 문제를 해결할 수 있는 능력을 길러주세요.

09 찢어진 수 구하기 138~139쪽

① 102 ② 152

③ 216 ④ 180

⑤ 434 ⑥ 616

⑦ 53 ⑧ 62

⑨ 75 ⑩ 75

⑪ 67 ⑫ 72

⑬ 305 ⑭ 397

⑮ 577 ⑯ 467

⑰ 234 ⑱ 773

⑲ 27 ⑳ 48

㉑ 66 ㉒ 68

㉓ 98 ㉔ 73

나눗셈의 원리 ● 계산 원리 이해

8 몫이 두 자리 수인 (세 자리 수)÷(두 자리 수)

이번 단원에서는 먼저 몫이 몇 자리 수인지 판단한 후 곱을 어림하여 몫을 구합니다. 몫이 두 자리 수일 때는 몫의 십의 자리, 일의 자리를 각각 '어림하고 예상하기'를 통해 구합니다. 이번 단원의 학습으로 '자연수끼리의 나눗셈 학습'을 마무리하고 이후 분수의 나눗셈으로 연결되므로 나눗셈의 의미('나누어지는 수' 안에 '나누는 수'가 몇 번 들어 있는지 구하는 것)를 다시 한 번 짚어 주세요.

01 몫을 어림하는 방법 알기 142쪽

나눗셈의 원리 ● 계산 원리 이해

02 세로셈 143~145쪽

① 13…18　② 14…13　③ 19…11
④ 12…13　⑤ 15…8　⑥ 54…8
⑦ 14…14　⑧ 79…1　⑨ 30…13
⑩ 23…30　⑪ 37…22　⑫ 26…24
⑬ 12…26　⑭ 50…5　⑮ 11…23
⑯ 24…8　⑰ 58…8　⑱ 12…25
⑲ 31…13　⑳ 19…1　㉑ 18…10
㉒ 34…12　㉓ 23…19　㉔ 22…7
㉕ 17…7　㉖ 17…22　㉗ 20…18
㉘ 29　㉙ 14…2　㉚ 16…36
㉛ 12…32　㉜ 22…8　㉝ 39…23
㉞ 31…5　㉟ 40…4　㊱ 54…1

나눗셈의 원리 ● 계산 방법과 자릿값의 이해

03 가로셈 146~148쪽

① 13…14　② 37…18　③ 20…16
④ 11…5　⑤ 22…18　⑥ 15…6
⑦ 23…20　⑧ 28…13　⑨ 14…16
⑩ 19…33　⑪ 13…32　⑫ 22…8
⑬ 16…3　⑭ 14…14　⑮ 36…25
⑯ 20…11　⑰ 28…11　⑱ 22…10
⑲ 14…14　⑳ 30…16　㉑ 20…29
㉒ 29…12　㉓ 16…6　㉔ 26…9
㉕ 10…22　㉖ 25…26　㉗ 21…7
㉘ 13…9　㉙ 20…25　㉚ 15…44
㉛ 11…21　㉜ 21…23　㉝ 39…3
㉞ 36…9　㉟ 25…19　㊱ 23…5

나눗셈의 원리 ● 계산 방법과 자릿값의 이해

04 정해진 수로 나누기 149~150쪽

① 20…24, 21, 21…1, 21…2
② 15…30, 15…31, 16, 16…1
③ 16…54, 16…55, 17, 17…1
④ 20…42, 21, 21…1, 21…2
⑤ 14…44, 14…45, 14…46, 15
⑥ 19…35, 20, 20…1, 20…2
⑦ 33…26, 33…27, 34, 34…1
⑧ 13…60, 14, 14…1, 14…2

나눗셈의 원리 ● 계산 원리 이해

05 검산하기 151~152쪽

① 23…13, 26×23+13=611
② 20…24, 35×20+24=724
③ 12…61, 63×12+61=817
④ 14…14, 55×14+14=784
⑤ 12…49, 54×12+49=697
⑥ 20…16, 42×20+16=856
⑦ 17…33, 41×17+33=730
⑧ 18…29, 49×18+29=911
⑨ 18…15, 37×18+15=681
⑩ 23…24, 34×23+24=806
⑪ 19…29, 37×19+29=732
⑫ 31…12, 22×31+12=694

나눗셈의 원리 ● 계산 원리 이해

06 나누어지는 수 구하기
153~154쪽

① 288 / 288, 14, 20, 8   ② 515 / 515, 17, 30, 5
③ 349 / 349, 18, 19, 7   ④ 839 / 839, 21, 39, 20
⑤ 688 / 688, 34, 20, 8   ⑥ 356 / 356, 25, 14, 6
⑦ 542 / 542, 31, 17, 15   ⑧ 984 / 984, 32, 30, 24
⑨ 855 / 855, 38, 22, 19   ⑩ 651 / 651, 19, 34, 5
⑪ 421 / 421, 23, 18, 7   ⑫ 829 / 829, 41, 20, 9
⑬ 852 / 852, 36, 23, 24   ⑭ 712 / 712, 44, 16, 8
⑮ 751 / 751, 29, 25, 26   ⑯ 492 / 492, 33, 14, 30
⑰ 321 / 321, 17, 18, 15   ⑱ 479 / 479, 23, 20, 19
⑲ 648 / 648, 35, 18, 18   ⑳ 830 / 830, 27, 30, 20

나눗셈의 원리 ● 계산 원리 이해

07 내가 만드는 나눗셈식
155쪽

① 예 14, 20 … 8   ② 예 16, 18 … 13
③ 예 31, 14 … 16   ④ 예 23, 22 … 9
⑤ 예 47, 11 … 12   ⑥ 예 44, 14 … 2
⑦ 예 51, 12 … 10   ⑧ 예 23, 15
⑨ 예 40, 12 … 4   ⑩ 예 49, 11 … 39
⑪ 예 21, 32   ⑫ 예 91, 10 … 34
⑬ 예 44, 19 … 17   ⑭ 예 22, 36 … 20

나눗셈의 감각 ● 나눗셈의 다양성

08 조건에 맞는 나눗셈식 찾기
156~157쪽

① 400÷16, 690÷15에 ○표
② 552÷23, 707÷57에 ○표
③ 871÷33, 734÷29에 ○표
④ 254÷13, 833÷31에 ○표
⑤ 722÷19, 841÷46에 ○표
⑥ 589÷22, 594÷38에 ○표
⑦ 556÷35, 732÷29에 ○표
⑧ 750÷53, 622÷32에 ○표
⑨ 235÷11, 694÷32에 ○표
⑩ 551÷24, 804÷21에 ○표
⑪ 467÷31, 534÷12에 ○표
⑫ 495÷32, 703÷15에 ○표
⑬ 495÷33, 521÷15에 ○표
⑭ 310÷20, 426÷38에 ○표
⑮ 382÷16, 231÷23에 ○표
⑯ 826÷41, 913÷21에 ○표
⑰ 431÷12, 304÷25에 ○표
⑱ 930÷31, 451÷15에 ○표
⑲ 255÷24, 420÷15에 ○표
⑳ 412÷23, 168÷12에 ○표

나눗셈의 원리 ● 계산 원리 이해

① 13 m, 13   ② 22 m, 22

③ 13 m, 13   ④ 32 m, 32

⑤ 12 m, 12   ⑥ 45 m, 45

⑦ 16 m, 16   ⑧ 32 m, 32

⑨ 35 m, 35   ⑩ 24 m, 24

⑪ 25 m, 25   ⑫ 28 m, 28

⑬ 32 g, 32   ⑭ 15 g, 15

⑮ 12 g, 12   ⑯ 15 g, 15

⑰ 31 g, 31   ⑱ 17 g, 17

⑲ 34 g, 34   ⑳ 24 g, 24

㉑ 27 g, 27   ㉒ 22 g, 22

㉓ 19 g, 19   ㉔ 57 g, 57

나눗셈의 원리 ● 계산 원리 이해

---

10 알파벳으로 나눗셈하기   **160**쪽

① 428 ♡ 11 = $\underline{428} \div \underline{12}$

괄호 안의 수를 먼저 계산해요.

```
      × 3 5
  1 2)4 2 8
    - 3 6
        6 8
      - 6 0
          8
```

428 ÷ (11 + 1) = 428 ÷ 12를 세로셈으로 써서 계산해요.

② 869 ♡ 54 = $\underline{869} \div \underline{55}$

```
          1 5
  5 5)8 6 9
      5 5
      3 1 9
      2 7 5
          4 4
```

③ 758 ♡ 73 = $\underline{758} \div \underline{74}$

```
          1 0
  7 4)7 5 8
      7 4
        1 8
```

④ 679 ♡ 33 = $\underline{679} \div \underline{34}$

```
          1 9
  3 4)6 7 9
      3 4
      3 3 9
      3 0 6
          3 3
```

⑤ 499 ♡ 15 = $\underline{499} \div \underline{16}$

```
          3 1
  1 6)4 9 9
      4 8
        1 9
        1 6
          3
```

⑥ 871 ♡ 34 = $\underline{871} \div \underline{35}$

```
          2 4
  3 5)8 7 1
      7 0
      1 7 1
      1 4 0
          3 1
```

나눗셈의 활용 ● 나눗셈의 추상화

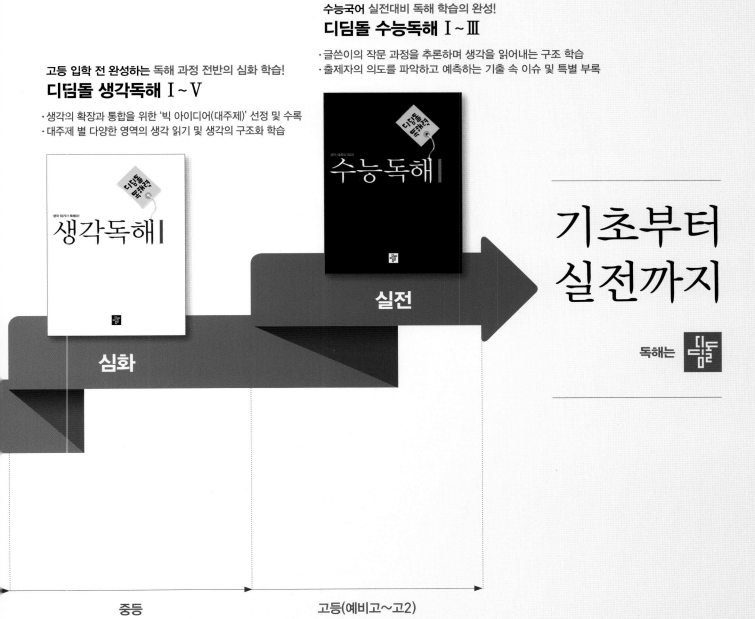

고등 입학 전 완성하는 독해 과정 전반의 심화 학습!
디딤돌 생각독해 Ⅰ~Ⅴ

· 생각의 확장과 통합을 위한 '빅 아이디어(대주제)' 선정 및 수록
· 대주제 별 다양한 영역의 생각 읽기 및 생각의 구조화 학습

수능국어 실전대비 독해 학습의 완성!
디딤돌 수능독해 Ⅰ~Ⅲ

· 글쓴이의 작문 과정을 추론하며 생각을 읽어내는 구조 학습
· 출제자의 의도를 파악하고 예측하는 기출 속 이슈 및 특별 부록

심화

실전

기초부터 실전까지

독해는 디딤돌

중등

고등(예비고~고2)

한걸음 한걸음 디딤돌을 걷다 보면
수학이 완성됩니다.

● 개념 다지기
원리, 기본

● 문제해결력 강화
문제유형, 응용

● 심화 완성
최상위 수학S, 최상위 수학

● 연산 개념 다지기
디딤돌 연산

● 개념+문제해결력 강화를 동시에
기본+유형, 기본+응용

● 상위권의 힘, 사고력 강화
최상위 사고력

개념 이해

개념 응용

개념 확장

학습 능력과 목표에 따라
맞춤형이 가능한 디딤돌 초등 수학